後藤卓也

30歳からの算数エントリー

それは「想像と工夫のこころ」を思い出すこと

はじめに

「抽象的概念」に進む入り口

　書店には「数学の学び直し」のための本が数多く並んでいますが、「算数を学び直す」ための大人向けの本は、ほとんど見かけません（子どもに教えることを目的とした本はあります）。「いや、さすがに小学校の算数くらいは大丈夫だよ～」……そんなつぶやきが聞こえてくる気がします。

　本書はそんな「大丈夫だよ～」とつぶやいている皆さんに、算数の奥深さと楽しさを知っていただくことを目的としています。

　では、なぜ「算数」なのでしょうか？　そもそも算数と数学はどこが違うのでしょうか。

　算数と数学の違いについては、おおよそ次のように説明されます。

「算数は値段とか人数とか速さなど、身の回りの数量を使って、日常生活で必要な計算技能を身につけることが目的。数学は抽象的な概念を理解し、論理的な問題解決能力を身につけることが目的」

「具体的な数量」と「抽象的な概念」という対比は妥当といえるでしょう。

　例えば円の面積を求めるとき、算数では主に円周率を3.14として計算し、数学では「π」を使います。

— 1 —

相撲の土俵を例にとってみると、土俵の直径が4.55mなので、半径は2.275m。

計算が煩雑すぎるので約2.3mとすると、算数では

2.3×2.3×3.14＝約16.6（m^2）

数学では半径を$\frac{91}{40}$mとして厳密に計算し、

$$\frac{91}{40} \times \frac{91}{40} \times \pi = \frac{8281}{1600}\pi \quad (m^2)$$ となります。

算数の答えなら「16.6m^{2}ってことはウチのマンションの4分の1くらいの広さなのか」という「具体的なイメージ」をもつことができますね。この「具体的なイメージ」が算数の大切な要素のひとつです。

算数に限らず、最初は身の回りにある具体的な事象から学び始め、次第に抽象的な概念へと進むのはどの教科でも同じです。つまり算数は数学の学習の入り口であり基礎なのです。だからこそ数学の学び直しをする前に算数をきちんと学び直してほしい。それが「算数へのエントリー」をおすすめする第1の理由です。

AI時代の「暗算」と「概算」

算数の第一歩はいうまでもなく計算です。Arithmetic（算数）は主に「四則計算」という意味で、少なくとも英語文化圏では小学校の教科名はMathematics（数学）です。

なかでも重要なのは「暗算」。とりあえず2けた同士の足し算・引き算と2けた×1けたのかけ算が暗算できるように

なると、数学を学び直すときもサクサクと数値処理ができて、学習が捗るはずです。

もうひとつは「概算」。前述の「土俵の面積の計算」のように、端数を削って「だいたいこのくらい」という計算をすることは、日常生活にも役に立つし（借金の利息の計算とか）、身の回りのいろいろなものの広さや重さを比べることができます。それって、けっこう楽しくないですか？

「計算ならアプリを使えばいいし」という方も多いでしょうが、私はPCやスマートフォンが当たり前の持ち物になり、さらにAIが加速度的に進化・普及していく時代だからこそ、「人間が日常的に、自分の大脳で処理可能な範囲での数値処理（計算）をすること」の大切さは増していると思います。

皆さんの大脳は、日常的にいろいろな機能を果たしています。しかしそのなかには、仕事とか人間関係とか自分の将来とか世界平和（？）とか、明確な結論（答え）の出ない問題がたくさんあるでしょう。それに対して、計算の答えはひとつです。答えが間違っていたときの悔しさ、正しい答えを出すための工夫、そして正解にたどり着いたときの達成感。それはたぶん人生の成功にも世界平和にも役立たないでしょうが、少なくとも若干のドーパミンが放出され、脳を活性化してくれるはずです。

つまり大脳の活性化と達成感が、算数エントリーの第2の意義なのです。

シンプルに美しく解く

しかし本当の算数の楽しさは、さらにその先にあります。

算数と数学の大きな違いのひとつは、算数では文字（x）や四則計算以外の記号（積分記号など）を使わないこと、そして定理や公式の暗記を必要としないことです。

もちろん三角形や円の面積の公式くらいは小学校で教えますが、公式を知らないと解けない問題はほとんど登場しませんし、公式を教えるときもできるだけ「具体的なイメージ」を使って説明します。

「求めたい解をxとして方程式を立てる」（その前提として文字式の使い方を学ぶ）のが中学数学の第一歩ですが、その第一歩を踏み出すと、あとは数式処理がどんどん複雑化していくので、第一歩でつまずくと絶対にその先には進めません。

他方、算数では、同じ問題を解くために、線分図とか面積図とか表などのさまざまな解法（教授法）があり、学習到達度や設問のタイプによって使い分けをしていきます。線分図は本書にも登場しますが（問題27の解説参照）、方程式との違いはやはり「イメージ化」（ないしは「可視化」）であり、数量を線の長さや長方形の面積で表すことで、四則計算だけで解答にたどり着くことができるようになります。

中学受験指導では、文字のかわりに ① とか 1 という算数独特の表記を使った一次方程式や連立方程式も教えますが、「係数」を整数化することで（問題62、63の解説参照）、気分よく処理することができる場合が少なくありません。

図を使って条件を可視化し、整理して、整数の範囲内で解

答にたどり着く。いかにシンプルに美しく解くかが算数の文章題の醍醐味であり、算数を学ぶ3つめの意義といえるでしょう。

算数エントリー最大の意義

図や方程式を使っても解けない問題もたくさんあります。それが本書でも取り上げた「パズル的問題」です。

パズル的問題の多くは、特定の解法がありません（わかりやすい例の1つが問題02の「メイクテン」です）。解法がないなら、どうするのか？

それは「ああでもない、これも違う、じゃあこうしたらどうなる？」と、ひたすら試行錯誤を繰り返していくのです。試行錯誤を繰り返していくうちに、そのパズルに固有の法則性や考え方のコツに気がつくことも少なくありません。

大学受験までの数学が、目的地である山の頂きに向かって、正しいルートを選択し、着実に歩みを進めていく思考過程だとすれば、算数パズルは「お宝」が隠された草むらで、あちらこちらを掘り返してみたり、石をひっくり返してみたりするようなイメージでしょうか。

このような、試行錯誤の繰り返しやふとした発見の楽しさも、ルーティン化された脳を活性化する……などと堅苦しい言い方をしなくても、ごくごく素朴に「楽しい」と私は思いますし、それはパズルに取り組んでいる子どもたちの表情が何よりも雄弁に語っています。これが第4の、そして算数エントリー最大の意義といえるでしょう。

— 5 —

ひたすら「楽しい」

まずは気楽に取り組んでみてください。もし小学生のお子さんがいらっしゃるなら、ぜひご一緒に。

受験算数の解法を知らないと解けない問題は基本的に取り上げていないので、四則計算と長方形の面積の求め方くらいを知っていれば、小学3年生くらいでもある程度は解けるはずです。

適当な数字をあてはめて、うまくいかなかったら消しゴムで消して別の数字を入れてみる。「子どもが6人います」という問題なら、子どもの頭数を「○を6個」で表してみる。ツルならその○に足を2本生やしてみる。そうやって手をいっぱい動かして、たくさん間違えて、「あ、これが答えだ」と気づいたときの満面の笑み。その答えが間違っていたときの悔しそうな表情。

私が40年間小学生の算数の指導に携わり、何冊かの本と数百本の算数に関する記事を書いてきたのは、その悔しそうな表情や問題が解けたときの笑顔を見るのが楽しかったからです。

ちなみに「30歳からのエントリー」というテーマは、私にとって非常にしっくりくるものでした。

というのは、私が算数の世界に（リ）エントリーしたのも30歳前後だったからです。

小学生の頃の私は、最近のアニメ用語を使えば「算数に全振り」した（つまり算数以外の能力パラメーターがほぼゼロ）子ど

もでした。といっても、中学受験も小学生向けの塾もない1960年代の田舎（名古屋）育ちですから、せいぜい暗算が得意で、学校では算数が一番よくできたという程度で、大学の数学の講義は初回からまったく理解できず、理系から教育学部に文転し、精神分析とか親子関係論とかの勉強をしていました。

　やがて博士課程に進学したときに小さな中学受験塾でアルバイトを始め、中学受験の算数と格闘する楽しさと小学生を教える楽しさに目覚めたのが20代後半。そして30代半ばで研究者の道を断念し、塾教師の道を歩み始めたのが本格的な算数の世界へのエントリーの経緯ということになります。

　その後、『中学への算数』という雑誌の仕事に創刊時から携わることになり、そのご縁で『秘伝の算数』（共に、東京出版）三部作という中学受験のテキストを出版することもできました。2022年からは塾を定年退職し、ひとりでオンライン個別指導の仕事をしていますが、いまだに新しい解法や指導法の開発と生徒の喜ぶ顔を見ることを生きがいとして日々を過ごしています。

　この「はじめに」では、もっともらしく「算数の世界へのエントリーの意義」を4点にまとめてみましたが、4つとも結局は「楽しいから」という結論に行き着いていることにお気づきでしょうか。

　長い塾教師生活のなかではもちろん辛いことや悲しいことや不愉快なこともたくさんありましたが、算数の問題を解いているとき、算数を教えているとき、算数のとっておきの解

法を開発しているときは、ただひたすらに楽しかった。

　読者の皆さんに少しでもその楽しさを経験していただくことができれば望外の喜びです。

　最後に、本書の刊行にあたっては、dZERO社の松戸さち子社長と、編集者として長年お付き合いいただいている岡村知弘氏に大変お世話になりました。この場を借りて御礼申し上げます。

　2024年10月

後藤卓也

目次

はじめに　1

Ⅰ　シンプル、しかし奥が深い計算の世界

01 [計算の順序] どこから計算する？　17

02 [メイクテン] 答えが10になる式を作るには？　19

03 [小数と分数] 小数を分数に、分数を小数にするには？　23

04 [小数と分数] 小数と分数の足し算、かけ算をするには？　27

05 [覆面算] 漢字にあてはまる数字は？❶　31

06 [覆面算] 漢字にあてはまる数字は？❷　33

07 [覆面算] 漢字にあてはまる数字は？❸　35

08 [鶴亀算] じゃんけんで何回勝った？❶　37

09 [鶴亀算] じゃんけんで何回勝った？❷　41

10 [概算] 計算結果の大きい順に並べると？　43

11 [概算] 70年はおよそ何秒？　45

12 [概算] 光は音よりどれだけ速い？　47

13 [ベン図] 兄弟と姉妹がいる人の数は？　49

Ⅱ　定理無用、試行錯誤の丸・三角・四角

14 [マッチ棒パズル] マッチ棒でできる長方形の数は？　55

15 [マッチ棒パズル] マッチ棒で正三角形を作るには？　57

16 [正方形の個数] 図の中の正方形はいくつ？　59

17 [正方形の個数] 点を結んで作った正方形の大きさは？　62

18 [角度] 三角形の内角は何度？　67

19 [角度] 円の中の図形の角度は？　71

20 [直角三角形] 直角三角形を作るには？　74

21 [直角三角形] 三角定規でどんな図形を作れる？　77

22 [直角三角形] 分割された直角三角形の面積は？　81

23 [三角数] 三角に並べた碁石の数は？　83

24 [三角数] 長方形を線で切ると？　86

25 [図形の回転] 円の中の正方形の面積は？　91

26 [図形の回転] 円の中の三角形の面積は？　93

Ⅲ　方程式無用、解けるかどうかは工夫次第

27 [割合] 兄弟のもっているお金は、それぞれいくら？　97

28 [割合] ボールを落とした高さは？　101

29 [割合] お店がつぶれた理由は？　105

30 [N進法] 硬貨を両替すると何枚？　107

31 [N進法] 貨幣の両替をするには？　109

32 [差集め算] 子どもは何人？　えんぴつは何本？　113

33 [差集め算] 買ったりんごはいくつ？　117

34 [お金] 100円玉、50円玉、10円玉で300円払うには？　119

35 [お金] おつりなしで払える金額は何通り？　123

36 [和分解] 引いたのは何のカード？　127

37 [和分解] 円の中にできる三角形は何種類？　130

38 [和分解] カードに書かれた数字の合計は？ 135

39 [約数] 開いているロッカーの数は？ 139

IV 見えない形、必要なのは想像力

40 [展開図] 組み立てた立体の体積は？ 145

41 [展開図] 正しい展開図はどれ？ 148

42 [展開図] 展開前はどんな立体？ 151

43 [面積] おうぎ形の面積は？❶ 153

44 [面積] おうぎ形の面積は？❷ 155

45 [面積] 正八角形の面積は？ 159

46 [面積] 長方形を回転させてできる面積は？ 162

47 [立方体] 積んだ立方体の表面積は？❶ 166

48 [立方体] 積んだ立方体の表面積は？❷ 169

49 [まわりの長さ] 重なった正方形のまわりの長さは？ 171

V 数式マジック、カギは条件整理・規則発見

50 [推理算] 条件通りに成績を並べると？ 175

51 [推理算] 4人の営業成績の順位は？ 177

52 [推理算] 試験の得点を推測すると？ 181

53 [規則の発見] 手の指を数え続けると？ 185

54 [規則の発見] 折り目はいくつ？ 188

55 [規則の発見] おまけのビールの本数は？ 193

56 [マジック] だれかが思い浮かべた数字を当てるには？ 197

57 ［マジック］だれかの誕生日を当てるには？ 199

58 ［和と積の規則］式の穴にあてはまる＋－×÷は？ 203

59 ［和と積の規則］最大になる積の値は？ 205

60 ［ダイヤグラム］2人がすれ違うのはいつ？ 208

61 ［ダイヤグラム］歩く速さをグラフにすると？ 212

VI 明治・大正・昭和初期、時代を反映する算数

62 ［割合分数］上茶と下茶、それぞれ一斤の値段はいくら？ 217

63 ［線分図］志願者の総数は何人？ 221

64 ［割合］1ポンドは20シリング、費用の総計はいくら？ 225

65 ［仕事算］残りの仕事を3人ですると、何時間かかる？ 227

66 ［線分図］3姉妹の年齢は、それぞれ何歳？ 231

67 ［和差算］陸軍海軍の負傷者は、それぞれ何人？ 235

30歳からの算数エントリー
それは「想像と工夫のこころ」を思い出すこと

I

シンプル、
しかし奥が深い
計算の世界

I　シンプル、しかし奥が深い計算の世界

| 問題 | 01 | 計算の順序 |

どこから計算する?

まずは計算の基本から。

次の式を計算してください。

$$(42-20\div5)\div2\times3$$

01
答え

57

　四則演算（＋・－・×・÷）の順序については、次のルールがあります。

❶ 基本的に左から順番に計算する。
❷ 乗除（×・÷）は加減（＋・－）よりも先に計算する。
❸ （　　）の中は先に計算する。

したがってこの問題では、

$$(42-\underline{20\div5})\div2\times3$$
$$=\underline{(42-4)}\div2\times3$$
$$=\underline{38\div2}\times3$$
$$=\underline{19\times3}$$
$$=57$$

が、正しい計算の手順となります。

計算の基本、大丈夫でしたか？

I　シンプル、しかし奥が深い計算の世界

| 問題 | 02 | メイクテン |

答えが10になる式を作るには?

　下の式の□の中に、＋・－・×・÷を入れて、答えが1〜
10になる式を作ってください。同じ記号を何回使ってもか
まいません。また、（ ）を使ってもかまいませんが、数字
の順番を入れ換えることはできません。

　　5□3□2□1＝

02 答え

〈解答例〉

$(5 - 3) \div 2 \times 1 = 1$

$(5 - 3) \div (2 - 1) = 2$

$(5 - 3) + 2 - 1 = 3$

$(5 - 3) \times 2 \times 1 = 4$

$5 - 3 + 2 + 1 = 5$

$(5 + 3 - 2) \times 1 = 6$

$5 + 3 - 2 + 1 = 7$

$(5 + 3) \times (2 - 1) = 8$

$5 + 3 + 2 - 1 = 9$

$(5 + 3 + 2) \times 1 = 10$

　これは、「メイクテン（Make10）」と呼ばれ、小学生に計算の順序を教えるには、とても有効なゲームです。

　さて、この問題では、数字が4種類あり、しかも1や2のように扱いやすい数字があるので、かなりやさしかったと思います。逆に「3が4個」のように数字の種類が少ないほど難しくなります。

　それでも、「3が4個」の場合には1〜10まで作ることができますが、「4が4個」の場合は裏ワザを使わなければどうしても作れない数字が出てきてしまいます。

Ⅰ　シンプル、しかし奥が深い計算の世界

　　4□4□4□4＝

　その裏ワザとは？　まずはAIやアプリを使わずに、ご自分でチャレンジしてみてください（解答例は次ページに）。

「メイクテン」のアプリもありますが、数字4個で答えが10以下では、そのうち物足りなくなるでしょう。そんな強者におすすめしたいのが「ジャマイカ」という教具です（右写真）。

　白いサイコロ5個の数字を四則計算して、黒いサイコロ2個の合計（写真の場合は50＋2＝52）を作るというゲームです。答えが何通りもある場合や「解なし」の場合もあるので、かなり楽しめます。

　ちなみに、この写真の場合の解答例は、(6＋3)×6－(4－2)＝52 です。

「ジャマイカ」のアプリもありますし、ジャマイカの答えを調べるための「ジャマイカ自動計算」というウェブツールもあります。

▼ 4 を 4 個使った場合の解答例

(44−4)÷4＝10 が裏ワザで、44という2ケタの数字を使います。
解答例は次のとおりです。

$$(4＋4)÷(4＋4)＝1$$
$$4÷4＋4÷4＝2$$
$$(4＋4＋4)÷4＝3$$
$$4＋(4−4)×4＝4$$
$$(4×4＋4)÷4＝5$$
$$(4＋4)÷4＋4＝6$$
$$4＋4−4÷4＝7$$
$$(4×4)−(4＋4)＝8$$
$$4＋4＋4÷4＝9$$
$$(44−4)÷4＝10$$

I　シンプル、しかし奥が深い計算の世界

| 問題 | 03 | 小数と分数 |

小数を分数に、
分数を小数にするには?

❶〜❸の分数を小数に直してください。

また❹〜❺の小数を分数に直してください。

ただし、直すことができない場合もあります。

❶ $\dfrac{3}{10}$　❷ $\dfrac{3}{4}$　❸ $\dfrac{2}{3}$　❹ 0.25　❺ 0.375

| 03
答え | ❶ 0.3
❷ 0.75
❸ 小数に直せない
❹ $\dfrac{1}{4}$
❺ $\dfrac{3}{8}$ |

❶ $\dfrac{1}{10}=0.1$なので、$\dfrac{3}{10}=0.3$です。

❷ $\dfrac{A}{B}$という分数はA／Bとあらわすこともあります。またA／Bは数式処理ではA÷Bです。つまり$\dfrac{A}{B}=A÷B$ということなのです。したがって$\dfrac{3}{4}=3÷4=0.75$です。

❸ 数学領域の話になりますが、小数に直すことができる分数は、分母を素因数分解したときに「2」と「5」だけでできている数です。たとえば分母が$2×2×2×2=16$とか、$5×5×5=125$とか、$2×5×5=50$の場合は、いずれも小数に直すことができますが、それ以外の数は割り切れないので「小数に直せない」のです。

Ⅰ　シンプル、しかし奥が深い計算の世界

❹ $0.25 = \dfrac{25}{100} = \dfrac{1}{4}$ ですが、「簡単な分数に直せる小数」

（分母が2、4、5など）は覚えておくと便利です。

　たとえば、0.25は百分率でいうと25%。「定価の25%

引き」は「定価の $\dfrac{1}{4}$ だけ値引きした金額」です。定価が

4800円なら、4800÷4＝1200（円）が値引きした金額

なので、

　　4800－1200＝3600（円）

と計算できるでしょう。

❺ $0.375 = \dfrac{375}{1000} = \dfrac{3}{8}$ ですが、分母が8の分数も覚え

ておくとよいでしょう。

　　$\dfrac{1}{2} = 0.5$　　$\dfrac{1}{4} = 0.25$　　$\dfrac{3}{4} = 0.75$　　$\dfrac{1}{8} = 0.125$

　　$\dfrac{3}{8} = 0.375$　　$\dfrac{5}{8} = 0.625$　　$\dfrac{7}{8} = 0.875$

かつて『分数ができない大学生』（岡部恒治ほか編、東洋経済

新報社、1999年）という書籍がベストセラーになりましたが、「最近の□□□は小数や分数の計算が全然できない」という愚痴やため息はいたるところで耳にします（□□□には「中学生」「高校生」「大学生」「社会人」などが入ります）。

　小学生に英語やプログラミングを教える時間があったら、ちゃんと計算のしかたをマスターさせてほしいと個人的には思うのですが、「計算のような単純作業はコンピューターに任せて、人間はほかのことをやるべきだ」という見解のほうがいまは支配的でしょうし、さらには「通訳やプログラミングだってどうせAIにとってかわられるんだし」という意見さえあります。

　実際に、社会を維持し発展させていくしくみはそうなっていくでしょう。しかしそのとき、私たちは自分の脳をなんのために使っていくのでしょうか。そもそも「AIにできなくて人間にしかできないこと」なんてあるのでしょうか。

　仮にそういうものがあるとしても、それはこれまで人類が学び、考え、受け継いできた論理的思考や推理や感性などを土台にしなければ不可能だし、意味がないと思うのです。コンピューターやAIを開発してきたのもすべて人間です。そのすべての出発点は、何かをやりとげた達成感や、新しい発見をしたときの感動だったのではないでしょうか。

「算数」もまた人類の発見と達成の積み重ねであり、さまざまな学問や技術の土台になるものだと私は思うのです。

I　シンプル、しかし奥が深い計算の世界

問題 | 04 | 小数と分数

小数と分数の足し算、かけ算をするには?

次の計算をしてください。

❶ $0.3 + \dfrac{1}{4}$

❷ $0.4 + \dfrac{1}{3}$

❸ $0.4 \times \dfrac{3}{4}$

$$\frac{04}{答え}$$

❶ 0.55 $\left(\frac{11}{20}\right)$

❷ $\frac{11}{15}$

❸ $\frac{3}{10}$ (0.3)

ここでのテーマは「小数と分数、どっちが便利？」ということです。

小学生にこの質問をすると、

「分数は計算がめんどうくさい」

「小数ではあらわせない数がある」

などの答えがかえってきます。

さて、本当に「分数のほうが計算がめんどうくさい」のでしょうか？

❶ 0.3を分数に直すと$\frac{3}{10}$なので、

$$0.3+\frac{1}{4}=\frac{3}{10}+\frac{1}{4}=\frac{6}{20}+\frac{5}{20}=\frac{11}{20}$$

となります。確かに通分するのがめんどうですね。

しかし$\frac{1}{4}$は、$1\div4＝0.25$というように小数に直すことができます。

— 28 —

Ⅰ　シンプル、しかし奥が深い計算の世界

　すると、0.3＋0.25＝0.55というように、暗算で計算できます。どうやら加減の計算は、小数のほうが便利そうです。

❷　今度は$\dfrac{1}{3}$＝0.3333……となって、$\dfrac{1}{3}$を小数に直すことができないので、分数で計算します。

$$0.4＋\dfrac{1}{3}＝\dfrac{2}{5}＋\dfrac{1}{3}＝\dfrac{6}{15}＋\dfrac{5}{15}＝\dfrac{11}{15}$$

「小数ではあらわせない数がある。だから分数のほうが便利」というのは、確かですね。

❸　$\dfrac{3}{4}$＝0.75なので、小数に直して計算することができます。

$$0.4×\dfrac{3}{4}＝0.4×0.75＝0.3$$

　他方、0.4を分数に直すと、

$$0.4 \times \frac{3}{4} = \frac{2}{5} \times \frac{3}{4} = \frac{\overset{1}{2} \times 3}{5 \times \underset{2}{4}} = \frac{3}{10}$$

　というように、途中で2と4を約分できるため、小数の場合より計算が手早くできます。

　結局は、「状況に応じて使いわける」ことになるのですが、「加減は小数が便利」「乗除は分数が便利」という原則は覚えておくとよいでしょう。

Ⅰ　シンプル、しかし奥が深い計算の世界

問題 | 05 | 覆面算

漢字にあてはまる数字は？ ❶

　ここからの3問は、「覆面算」と呼ばれるロジックパズルです。同じ文字は同じ数字をあらわします。

　　人 ＋ 狼 ＝ 狼男

　上の式の「人」「狼」「男」にはそれぞれ0〜9の数が入ります。それぞれどの数字が入りますか。

05
答え

人＝9
狼＝1
男＝0

覆面算は筆算の形にするとわかりやすくなります。

```
        人
    ＋  狼
  ─────────
      狼男
```

1けたの数字2つ（人と狼）を足すと、一番大きい数でも9＋8＝17にしかなりませんから、おのずと狼＝1が決まります。すると、繰り上がるためには人＝9しかなくなり、式が完成します。

```
        9
    ＋   1
  ─────────
       10
```

Ⅰ　シンプル、しかし奥が深い計算の世界

| 問題 | 06 | 覆面算 |

漢字にあてはまる数字は? ❷

覆面算、次はかけ算です。

　人狼 × 狼 ＝ 怪人

　問題05と同様、同じ文字は同じ数字をあらわしています。「人」「狼」「怪」にはそれぞれ、0〜9の数字が入ります。それぞれどの数字が入りますか。

— 33 —

06 答え

人＝4
狼＝2
怪＝8

```
  人狼
×  狼
―――――
  怪人
```

「狼」を1とすると「人」も1になってしまうので、成立しません。

　では、「狼」を2にするとどうでしょう。2×2で「人」が4。すると「怪」が8になって解決します。

　　人狼×狼＝怪人
　　42×2＝84

「狼」を3にすると3×3で「人」が9になり、93×3＝279と、答えが3けたになってしまいます。「狼」を4以上にしても式が成立しないことは、ご自分で確認してみてください。

　かけ算型の覆面算は、同じ文字に着目し、そこに数字をあてはめていくと、簡単に解ける場合が多いのです。

— 34 —

Ⅰ　シンプル、しかし奥が深い計算の世界

| 問題 | **07** | 覆面算 |

漢字にあてはまる数字は？❸

　覆面算、最後はけた数を増やした問題です。

　春・夏・秋・冬はそれぞれ0〜9のどれかの数字をあらわしています。同じ文字は同じ数字をあらわします。　　　　にあてはまる数字を答えてください。

　なお、「春夏」「秋冬」は2けたの、「夏秋冬」「春夏秋」は3けたの整数をあらわしています。

　　春 ＋ 夏秋冬 ＝ 430
　　春夏 ＋ 秋冬 ＝ 　　　　
　　春夏秋 ＋ 冬 ＝ 349

61

この問題も、筆算の形にして考えてみましょう。

```
    春         春夏秋
 ＋夏秋冬      ＋   冬
 ───────     ───────
   ４３０        ３４９
```

お気づきのように、百の位が繰り上がることは基本的にはありませんから（298＋6＝304のような場合もありますが、この問題ではありえません）、左の式から夏＝4、右の式から春＝3とわかります。

春＝3がわかれば、ふたたび左の式から、夏秋冬＝430－3＝427となり、秋＝2、冬＝7で、すべての数字が判明しました。

最後に、春夏＋秋冬＝34＋27＝61と計算します。

I　シンプル、しかし奥が深い計算の世界

| 問題 | 08 | 鶴亀算 |

じゃんけんで何回勝った？ ❶

　2人でじゃんけんをして、勝ったほうは階段を4段上がり、負けたほうは2段上がるという遊びをしました。

　10回じゃんけんをして、太郎さんは32段上がりました。太郎さんは何回勝ちましたか。ただし「あいこ」は回数には数えないものとします。

08 答え　6回

　これは「鶴亀算(つるかめざん)」と呼ばれる計算法で解ける文章題です。たとえばこの問題を「カメとツルが10匹いて、足の本数の合計が32本」としても、問題の意図するところはまったく同じになります。
　数学者の森 毅(もりつよし)さんは、『対談 数学大明神』(共著、ちくま学芸文庫)の中で、こんなふうに鶴亀算を解いています。

頭が10個　〇 〇 〇 〇 〇 〇 〇 〇 〇 〇
足が32本　||||||||||||||||||||||||||||||||

頭に足を2本ずつつけると、足が12本あまるから、

〇 〇 〇 〇 〇 〇 〇 〇 〇
|| || || || || || || || ||　||||||||||||

あまった足を2本ずつくっつけると、カメが6匹できて、ツルは4羽になる。

|| || || || || ||
〇 〇 〇 〇 〇 〇 〇 〇 〇 〇
|| || || || || || || || || ||
カメ カメ カメ カメ カメ カメ ツル ツル ツル ツル

この問題に戻して考えると、カメが勝った回数（4段）、ツルが負けた回数（2段）なので、答えは6回となります。

ただし、このように図にして求められるのは数値が小さいときだけなので、別の方法でも解いてみましょう。

まず、勝ちと負けと上がる段数を表にします。

全部勝ったときは4×10＝40（段）で、9勝1敗なら、4×9＋2×1＝38（段）です。

つまり「勝ち」を1つ減らして「負け」を1つ増やすと、差しひき2段減るのです。

勝ち	10	9	8	⋯	?	
負け	0	1	2	⋯	?	
上がる段数	40	38	36	⋯	32	

したがって、（40－32）÷2＝4（回）が負けた回数で、勝ちは10－4＝6（回）です。

鶴亀算のもっともポピュラーな解法のひとつに「面積図」があります。塾で算数を教えはじめたときに「面積図」を知り、けっこう感動したのをいまでも覚えています。

問題08ならば次のような図と式になるのですが、「なるほど〜」って思いませんか？

— 39 —

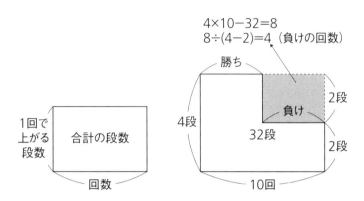

　ちなみに問題33の差集め算も面積図で美しく解くことができます。

　要するに「1匹あたりの足の数×匹数＝足の数の合計」とか「単価×個数＝合計の値段」という関係を「たて×横＝長方形の面積」に置き換えて図にするのですが、こういうやわらかい発想が算数の楽しさなのです。

I　シンプル、しかし奥が深い計算の世界

| 問題 | 09 | 鶴亀算 |

じゃんけんで何回勝った？❷

　2人が長い石段の中央付近に立っています。ここからじゃんけんをして、勝ったほうは階段を4段上がり、負けたほうは2段下がるという遊びをしました。

　20回じゃんけんをして、太郎さんは32段上がりました。太郎さんは何回勝ちましたか。ただし「あいこ」は回数には数えないものとします。

[ヒント]
　問題08の鶴亀算とほとんど同じ問題に見えますが、「負けると2段下がる」というところがミソです。

12回

問題08と同様、表にして解いていきましょう。

勝ち	20	19	18	…	…	?
負け	0	1	2	…	…	?
上がる段数	80	74	68	…	…	32

6段減る

「勝ち」を1回減らして、「負け」を1回増やすと、

　20勝0敗 ……　4×20　　　＝80（段）
　19勝1敗 ……　4×19－2×1＝74（段）
　18勝2敗 ……　4×18－2×2＝68（段）

というように、6段ずつ減っていきます。したがって、答えは次のようになります。

　（80－32）÷6＝8（回）　……「負け」の回数
　20－8＝12（回）　　　　……「勝ち」の回数

I　シンプル、しかし奥が深い計算の世界

| 問題 | **10** | 概算 |

計算結果の大きい順に並べると?

　ここから3問は、「概算」の問題です。

　次の式の計算の結果が大きいものから順に記号で答えてください。

ア 22222÷0.6789

イ 2.2222÷6789

ウ 222.22÷6789

エ 22.222÷67.89

— 43 —

10 答え　㋐ ㋔ ㋒ ㋑

　本気で割り算をした人はいないと思いますが、㋐の答えは、

　　22222÷0.6789＝32732.3611724……

となって、割り切れません。
　A÷Bという計算をするとき、Aが大きいほど答え（商）が大きく、Bが大きいほど答えが小さくなります。
　したがって4つの中では、㋐の答えがぶっちぎりで大きく、㋑が一番小さいことがわかります。

　問題は㋒と㋔ですが、

㋒ 222.22÷6789
　　↑10倍　　　↑100倍
㋔ 22.222÷67.89

なので、㋔のほうが大きくなるとわかります。

I　シンプル、しかし奥が深い計算の世界

問題	**11**	概算

70年はおよそ何秒?

70年生きる人は、およそ何秒生きることになりますか。
次の中から最も近いものを選んでください。

ア 1億秒

イ 5億秒

ウ 10億秒

エ 22億秒

オ 44億秒

11
答え

エ

1年＝365日（「およそ」の計算です。うるう年は無視しましょう）、1日＝24時間、1時間＝60分、1分＝60秒ですから、

$$70 \times 365 \times 24 \times 60 \times 60 = 2207520000$$

つまり約22億秒となります。

全部かけ算なので、どのような順番でかけても答えはかわりません。したがって、たとえば、

- 24×60はだいたい1500（25×60＝1500です）。
- 1500×60＝9万だから、1日は10万秒よりちょっと少ない。
- 10万×365は3000万より少し多い。
- 3000万×70年は21億。

というような、「およその計算」をすることで、正解にたどり着くことができます。

I　シンプル、しかし奥が深い計算の世界

| 問題 | 12 | 概算 |

光は音よりどれだけ速い?

　音の速さはおよそ毎秒340m（これを「マッハ1」といいます）、光の速さはおよそ毎秒30万kmです。

　では光の速さは音の速さの何倍ですか。⑦〜オからもっとも近いものを選んでください。

⑦ 1000倍
④ 1万倍
⑦ 10万倍
④ 100万倍
⑦ 1000万倍

— 47 —

　雷が「ピカッ」と光ってから、「ゴロゴロゴロ、ドカ〜ン」という音が聞こえるまでの時間（秒）に340をかけると、落雷地点までの距離を計算することができます。たとえば10秒なら340×10＝3400（m）です。

　この「10秒」は、本当は「雷の稲光が目に届くまでの時間」と「落雷の音が耳に届くまでの時間」の差なのですが、光の速さは音とは比較にならないくらい速いので、「光が目に届くまでの時間」は無視してもかまわないのです。

　小学生の大半は、音の速さを「だいたい毎秒300m」として、「300000÷300＝1000（倍）」と答えます。しかし音の速さの単位は「メートル」で、光は「キロメートル」ですから、正しくは次のようになります。

　30万（km）÷300（m）
　　　　↓
　30万（km）÷0.3（km）＝100万（倍）

I シンプル、しかし奥が深い計算の世界

| 問題 | 13 | ベン図 |

兄弟と姉妹がいる人の数は?

　クラスの人数が全部で47人だとします。そのうち兄弟がいる人は22人、姉妹がいる人は27人、どちらもいない人（一人っ子）は10人です。

　兄弟と姉妹が両方いる人は何人ですか。

13 答え　12人

　皆さんは「集合」とか「ベン図」を何年生のときに勉強しましたか？

「集合」は「数学教育の現代化の象徴」と呼ばれています。「数学教育の現代化」とは、1957（昭和32）年の「スプートニク・ショック」（ソ連による世界初の人工衛星スプートニクの打ち上げ成功）により、欧米で科学教育向上の機運が高まり、カリキュラムや教育内容の大幅な改訂が行われたことを指しています。

　現代化の流れを受け、1968（昭和43）年改訂の小学校学習指導要領で、「集合」がはじめて学習内容として取り上げられます。ちなみに私が小学生だったころが「現代化」のピークといえる時期で、当時は小学校4年生の教科書に「集合の考え」という項目がありました（2024年現在は、中学1年で正負の数を学ぶときにチラッと登場し、カリキュラムとしては高校1年で正式に学習するようです）。

　さて、この問題を「ベン図」であらわして考えてみましょう。全体を四角であらわし、その中の「部分集合」を円でかこみます。イギリスの数学者ジョン・ベン（1834〜1923年）という人が考えました。

Ⅰ　シンプル、しかし奥が深い計算の世界

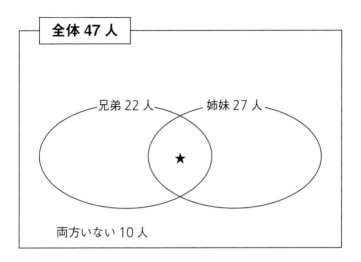

　全体を囲む□は「クラス全体」、2つの○が「兄弟がいる」「姉妹がいる」で、2つの○の重なり（★の部分）が「両方いる人」、○の外側が「両方いない人」ということになります。

「全体」から「両方いない人」を引くと、

　　47－10＝37（人）

他方、「兄弟がいる」と「姉妹がいる」を足すと、

　　22＋27＝49（人）

になります。

これは「両方いる人」を2回数えているからですね。

したがって「両方いる人」は、

　49－37＝12（人）

となります。

II

定理無用、
試行錯誤の
丸・三角・四角

| 問題 | **14** | マッチ棒パズル |

マッチ棒でできる長方形の数は?

　マッチ棒を4本並べると、正方形が1個できます。マッチ棒を6本にすると、正方形2個分の大きさの長方形になります。

　ではマッチ棒を12本使うと、何種類の長方形を作ることができますか。回転して同じ形になるものは1種類とします。

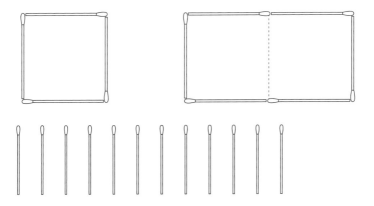

14 答え　3種類

　全部で12本なので、「たて1本分・横5本分」「たて2本分・横4本分」「たて3本分・横3本分」の3種類の長方形ができます。正方形も長方形の一種です。

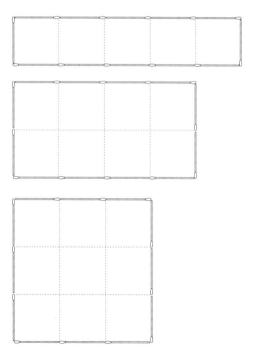

| 問題 | 15 | マッチ棒パズル |

マッチ棒で正三角形を作るには?

問題14より難易度がちょっと高くなります。今度はマッチ棒6本を使って、正三角形を4個作ってください。

正四面体を作る

　2個の正三角形ならば簡単でしょう。小学３年生にこの問題を出すと、多くの子が２個までは作れますが（図1）、その先に進めません。

　ただし、ユニークな形（図2）を作った子が１人だけいました。正解ではありませんが、着目点がすばらしい。よいセンスをしていると思います。

図1　　　　図2

　さて、正解はこちら（図3）です。立体（三角すい）を２次元であらわすのは難しいので、ぜひ実際に作ってみてください。

図3

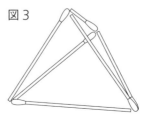

Ⅱ　定理無用、試行錯誤の丸・三角・四角

問題 16　正方形の個数

図の中の正方形はいくつ?

この図の中には、いろいろな大きさの正方形がふくまれています。

❶ 大きさの違う正方形は、全部で何種類ありますか。
❷ 大きさの違う正方形は、それぞれ何個ずつありますか。

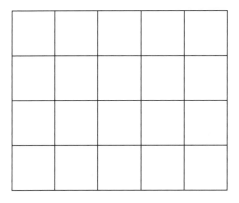

— 59 —

<table>
<tr><td>

16
―――
答え

</td><td>

❶ 4種類
❷ 20個（1辺の長さが1本分）
　　12個（2本分）
　　6個（3本分）
　　2個（4本分）

</td></tr>
</table>

　❶　1辺の長さが1本分（図中の㋐）、2本分（㋑）、3本分（㋒）、4本分（㋓）の4種類の正方形がふくまれています。

　❷　1辺の長さが「1本分」の正方形は5×4＝20（個）、「2本分」の正方形は4×3＝12（個）、「3本分」の正方形は3×2＝6（個）、「4本分」の正方形が2×1＝2（個）です。

　小学3年生にこの問題を解かせると、まず「ふくまれている」という意味がわからなくて手が止まってしまいます。「何個あるかな」と問い直すと、今度は1つずつ数え始めます。「5列×4段＝20個」という発想が自然にできるためには、あるレベルの発達段階に達するか、もしくはある程度の訓練が必要なようです。
「メイクテン」（問題02）のような数字遊びはオトナ顔負けのスピードで解けるのに、正方形を1つずつ数える姿を見ると、子どもの成長の不思議さに驚かされます。

Ⅱ　定理無用、試行錯誤の丸・三角・四角

問題	17	正方形の個数

点を結んで作った
正方形の大きさは?

　図1のように30個の点が、たて・横等間隔に並んでいます。

　このうち4つの点を結ぶと、図のようにいろいろな大きさの正方形ができます。

　イの正方形は**ア**の正方形4個分、**ウ**は**ア**の正方形2個分の大きさですね。

　4点を結んでできる正方形のうち、2番目に大きい正方形は、**ア**の正方形何個分の大きさですか。

Ⅱ 定理無用、試行錯誤の丸・三角・四角

図1

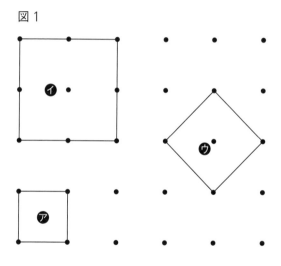

17 答え　10個分

「なんだ、簡単じゃないか！　9個分！」と答えたあなた、残念でした。

確かに、一番大きいのは4×4＝16（個分）の正方形、2番目は3×3＝9（個分）のような気がしますが……。

ななめの線を使うと、図2のような正方形を作ることもできます。まわりを囲んだ正方形から三角形4個分を引くと、4×4－1×3÷2×4＝10（個分）の大きさとわかります。

図2

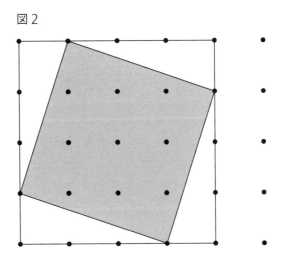

Ⅱ 定理無用、試行錯誤の丸・三角・四角

　問題とは関係ありませんが、ほかにも、図3のような正方形を作ることができます。

図3

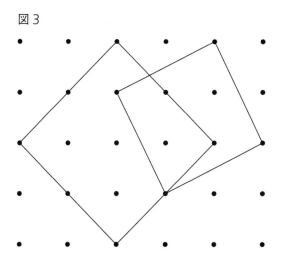

　図3のように斜めに結んだ正方形の個数は、1辺2の正方形のなかに1個、1辺3の正方形のなかに2個、1辺4の正方形のなかに3個、という規則があります。
　たとえば1辺5の場合、元の正方形の辺上の点に❶❷❸❹と番号をつけ、同じ番号同士を結んでいくと……、ほら、4個できませんか？（次ページ、図4）

図4

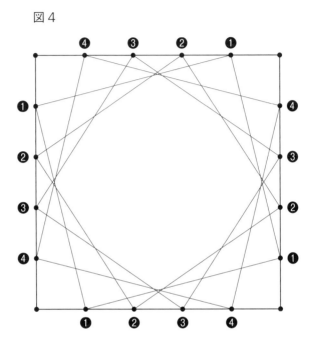

| 問題 | **18** | 角度 |

三角形の内角は何度？

次の図で、■の角度を求めてください。

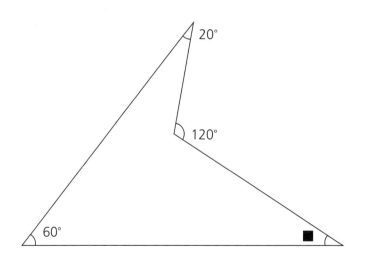

18 答え 40°

いろいろな補助線の引き方が考えられますが、基本的には「三角形を作る」ことを目指していきましょう。

三角形の内角（3つの角）の合計が180°であることを利用すると、図のように次々に角度を求めていくことができます。

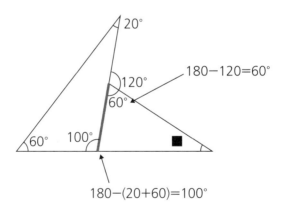

100°のとなりの角が80°なので、
■＝180－(60＋80)＝40°

「外角定理」(中学校で習います)を覚えている方は、■+60=100より、■=40と計算できるはずです。

下図ア、イ、ウを三角形ABCの「内角」といい、三角形の内角の和は180°になります。これに対し、図のエの部分を(内角ウに対する)「外角」といいます。

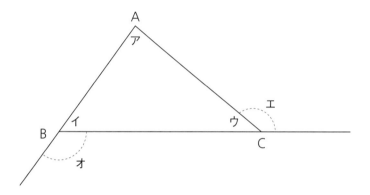

ウ+エは(一直線なので)180°ですから、
　ア+イ+ウ　　＝180°
　　　　ウ+エ＝180°
つまり、ア+イとエは等しいことがわかります。ア+イ＝エを三角形の「外角定理」といいます。

イに対する外角はオで、ア+ウ＝オです。

角度の問題は基本的に、三角形を作るように補助線を引いていけばよいのです。

問題18の場合、こんな補助線を引いた読者はいらっしゃいませんか？

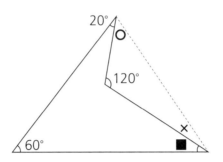

○と×の角度はわかりませんが、○＋×＝180－120＝60°なので、

　■＝180－60－20－60＝40°

という求め方ができますね。

| 問題 | **19** | 角度 |

円の中の図形の角度は?

下の図で、Oは円の中心、A、B、Cは円周上の点です。
■の角度を求めてください。

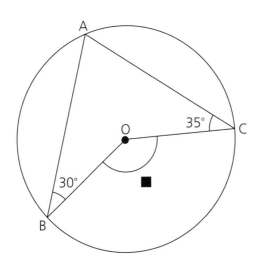

19 答え　130°

　円と角度の問題は主に中学で学習しますが、この問題は「外角定理」などの難しい定理を使わなくても、「二等辺三角形の発見」で解決します。

　円周上の点と中心を結んだ線は「半径」で、すべて長さが等しいため、AとOを結ぶ補助線を引くと、三角形OABも三角形OACも二等辺三角形になります。

　ここに気づけば、解けたも同然です。

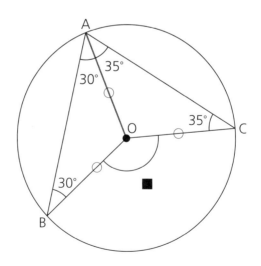

Ⅱ 定理無用、試行錯誤の丸・三角・四角

あとは「三角形の内角の和」から、次のように計算します。

　　180−(30+30)=120°
　　180−(35+35)=110°
　　360−(120+110)=130°

「外角定理」を使うと、次の図のようにして、60+70=130°と求めることもできます。

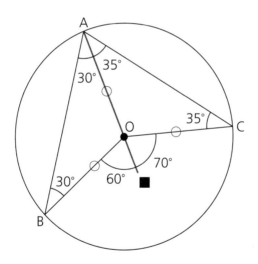

— 73 —

問題 | 20 | 直角三角形

直角三角形を作るには？

三角定規には次の2種類があります。

図1

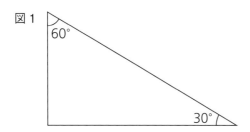

図2

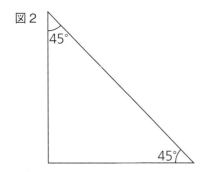

図2の三角形は、1つの角が直角で、直角をはさむ2本の辺の長さが等しいため、「直角二等辺三角形」といいます。

図2の三角形を2枚並べると、図3、図4、図5のような図形ができます。ただし、必ず同じ長さの辺をぴったりあわせて並べることにします。

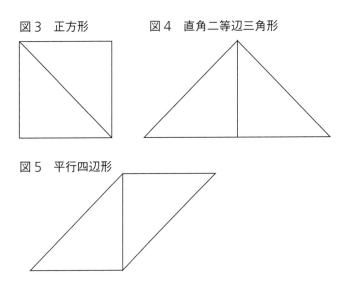

図3　正方形　　図4　直角二等辺三角形

図5　平行四辺形

2枚並べても、また同じ直角二等辺三角形を作ることができるのですね。

図2の直角二等辺三角形を「一番小さいヤツ」、図4を「2番目に小さいヤツ」と呼ぶことにします。さて、「4番目に小さいヤツ」を作るには、図2の三角定規が何枚必要でしょうか。

8枚

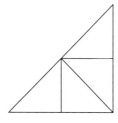
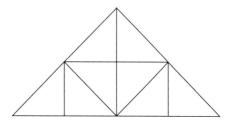

「2番目に小さいヤツ」を2セット並べると「3番目」、「3番目」を2セット並べると「4番目」になります。つまり2×2×2＝8（枚）です。

問題 21 直角三角形

三角定規で
どんな図形を作れる？

　三角定規は問題20で示したように、2枚1組になっています。今度は図1を使った問題です。

　図1の形の三角定規を2枚並べて、作ることができない図形はどれですか。次の㋐から㋖までの中からすべて選び、その記号を書きなさい。　　　（お茶の水女子大附属中2005年）

- ㋐ 二等辺三角形　　㋑ 直角二等辺三角形
- ㋒ 正三角形　　㋓ 平行四辺形
- ㋔ 長方形　　㋕ ひし形　　㋖ 正方形

図1

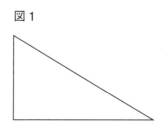

― 77 ―

21 答え

イ カ キ

　図1は3つの角が30°・60°・90°、一番長い辺が一番短い辺の2倍の長さになっています。

　正三角形を2等分した三角形ですね。

　また、問題の答えとは関係ありませんが、「三平方の定理」を使うと、もう1本の辺の長さは$\sqrt{3}$になります（もちろん、これは小学校では習いません）。

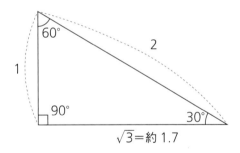

$\sqrt{3}$＝約 1.7

Ⅱ　定理無用、試行錯誤の丸・三角・四角

さて、この図形を並べていくと、

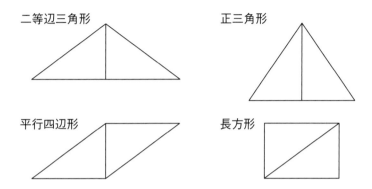

二等辺三角形

正三角形

平行四辺形

長方形

この4つは作ることができますが、

- ❹ 直角二等辺三角形……45°の角度を作ることができない。
- ❻ ひし形……同じ長さの辺が4本ない。図1の定規を4枚使えば作ることができる。
- ❼ 正方形……同じ長さの辺が4本ない。図1の定規を4枚使えば作ることができる。

となります（❼はちょっと裏ワザ）。

では、図1の定規を4枚使って❻と❼を作ってみませんか？（答えは次ページに）

答えは、こうなります。

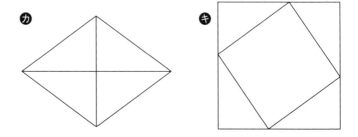

❼はかなり意地悪な問題でしたね。

問題 22 直角三角形

分割された直角三角形の面積は?

　直角二等辺三角形の中に線を引いて、❶〜❽の8つの部分に分割しました。

　‖や=の印がついたところはすべて同じ長さです。❼の正方形の面積が10cm²のとき、全体の直角二等辺三角形の面積を求めてください。

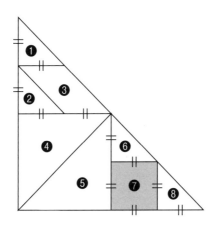

22 答え 80cm²

　直角二等辺三角形は2つにわけても直角二等辺三角形、2つくっつけても直角二等辺三角形という、金太郎アメみたいな図形です。

　図のように全部同じ大きさの直角二等辺三角形に分割すると、全体が❽16個分。❼の正方形は❽2個分なので、全体の面積は、10÷2×16＝80（cm²）です。

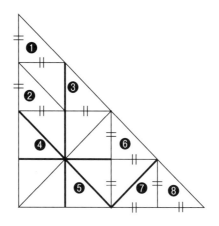

| 問題 | 23 | 三角数 |

三角に並べた碁石の数は?

　碁石を図のように、三角形の形に並べていきます。10番目の三角形を作るのに、碁石は何個必要ですか。

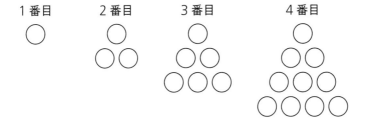

23
答え

55個

　2番目が1＋2
　3番目が1＋2＋3
　4番目が1＋2＋3＋4
　ですから、
　10番目は1＋2＋3＋4＋5＋6＋7＋8＋9＋10＝55
　となります。

　このように、1から順にある整数Nまで足していった和を「N番目の三角数」といいます。

　「三角数」とは、まさにこの問題図のように石を正三角形の形に並べたときの個数のことなので、このような名前がつけられました。
　ちなみに次ページの図のように正方形の形に並べていったときの数の並びは「四角数」または「平方数」といいます。

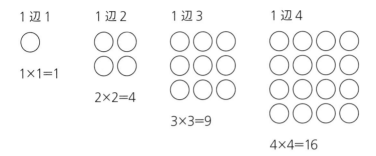

四角数(平方数)は、1、4、9、16、25、36、49、64、81、100、……となります。

「1から100までの数の合計を求める」については、ドイツの数学者カール・フリードリヒ・ガウス(1777〜1855年)の少年時代の有名なエピソードがあります。

$$\begin{array}{r} 1+\ \ 2+\cdots+99+100 \\ \underline{100+99+\cdots+\ 2+\ \ 1} \\ 101+101+\cdots\cdots+101 \end{array}$$

より、

$$1+2+\cdots+100 = (1+100)\times 100 \div 2 \\ = 5050$$

となります。

10番目までの合計なら、$(1+10)\times 10\div 2=55$ です。

| 問題 | 24 | 三角数 |

長方形を線で切ると?

　長方形の紙に直線を引いていきます。直線を1本引くと、紙は2つの部分にわかれます（図1）。

　もう1本直線を引くと、直線と直線の交わる点（交点）が1つできて、紙は4つの部分にわかれます（図2）。

　3本引くと、交点は3つになり、紙は7つの部分にわかれます（図3）。

　できるだけ交点が多くなるように10本を引いたとき、交点は何個できますか。

Ⅱ 定理無用、試行錯誤の丸・三角・四角

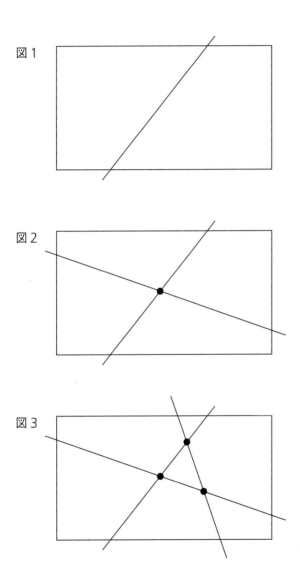

図1

図2

図3

答え 45個

まずは「できるだけ交点が多くなるように」、図3にもう1本の直線を描き加えてみましょう（図4）。

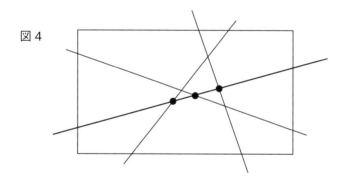

図4

正しく引けたら、交点（●）は3個増えているはずです。「そこに3本の直線があったから」です。

さらにもう1本追加すれば、「たぶん、今度は4個増えるだろう」と予測できるでしょう。なぜなら「そこに4本の直線があるから」です。

つまり、直線の本数と交点の個数のあいだには、次のような関係があるのです。

Ⅱ　定理無用、試行錯誤の丸・三角・四角

直線の本数	1	2	3	4	5	6	7	8	9	10	11
交点の個数	0	1	3	6	10	15	21	28	36	45	55
		+1	+2	+3	+4	+5	+6	+7	+8	+9	+10

　したがって、10本の場合の交点の個数は、次のように計算できます。

$$1+2+3+4+5+6+7+8+9$$
$$=(1+9)\times9\div2$$
$$=45（個）$$

これはまさに「三角数」です。

「三角数」は中学受験ではとってもポピュラーなテーマです。たとえば次のような問題。

「1、1、2、1、2、3、1、2、3、4、1、2、……と規則正しく数が並んでいます。50番目の数を求めなさい」

　一見では、わけのわからない規則ですが、次のように「区切り（／）」をいれてみたらどうですか？

　1／1、2／1、2、3／1、2、3、4／1、2……

— 89 —

「区切り」ごとに改行すると、もっとわかりやすくなります。各列の最後の数字が、最初から数えて、1番目、3番目、6番目、10番目、……なので、これも三角数ですね（図5も三角形になっています）。

「50番目」は「9番目の三角数＝45」の5つあとなので、10列目の5番目。つまり「5」が正解です。

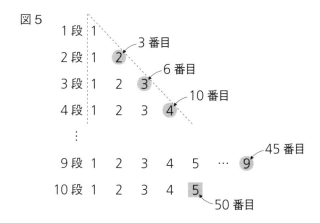

| 問題 | 25 | 図形の回転 |

円の中の正方形の面積は?

1辺10cmの正方形の中に、ぴったりと円が入っています。

さらにその円の中に、ぴったりと正方形が入っています。

内側の正方形の面積を求めてください。必要ならば、円周率を3.14として計算してください。

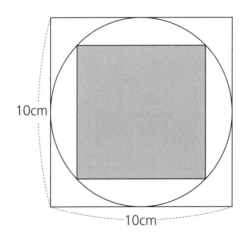

25 答え 50cm²

　円の半径が5cmだから、中に入っている正方形は対角線の長さが10cm。

　正方形の面積は「対角線×対角線÷2」で求められますから、10×10÷2＝50と計算して答えを求めた方、ご苦労さまです。もちろん正解です!!

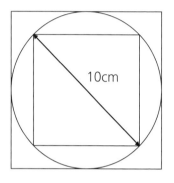

　でも、中の正方形を少し回転してやると……。

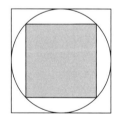 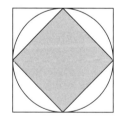 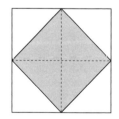

外側の正方形のちょうど半分になることがわかりますね。

| 問題 | 26 | 図形の回転 |

円の中の三角形の面積は？

　面積が100cm²の正三角形の中に、ぴったりと円が入っています。
　その円の中に、ぴったりと正三角形が入っています。内側の正三角形の面積を求めてください。

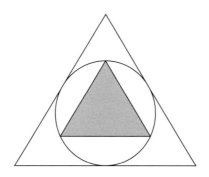

26 答え　25cm²

「三角形の面積の公式は……」「すると、円の半径は……」などと考えはじめると、とんでもなく難しい数学の問題になってしまいます。

ここは頭を回転させて、ついでに正三角形も回転させて……。

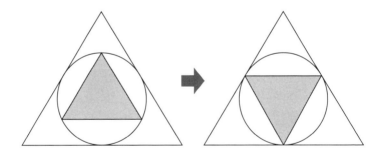

はい、大きい正三角形は小さい正三角形4個分になっていることがひと目でわかりますね。したがって、100÷4＝25（cm²）です。

III

方程式無用、
解けるかどうかは
工夫次第

III 方程式無用、解けるかどうかは工夫次第

問題 | **27** | 割合

兄弟のもっているお金は、それぞれいくら?

　兄弟2人のもっているお金は、あわせて3000円でした。

　兄のもっているお金は弟のもっているお金の3倍より200円多いそうです。

　兄と弟はそれぞれいくらもっていますか。

27 答え

兄 2300円
弟 700円

　小学3〜4年生のうちは、「式」を使って解くよりも、図にあらわす練習をさせます。

　図の描き方も、あまり型にはめようとせずに、宇宙からの暗号みたいな答案でもいいから、「自分で答えを見つけた！」という感覚を身につけさせてやりたいのです。

　わが子が、「3倍」と「200円多い」をどんなふうに表現するのか、ワクワクしませんか？

　さて、一般的にはこういう問題は「線分図」を使って説明します。

　弟のもっているお金を次のように「ある長さの線」であらわします。

「3倍」ということは、この線が3本あるわけですから、横に並べて、

またはたてに積んで、こんなカンジでしょうか。

どちらでもかまいませんが、「200円多い」を追加するのを忘れずに。追加したものが下の線分図です。

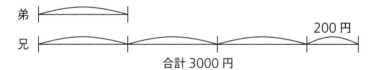

3000－200＝2800（円）が「線4本分」にあたるので、

　2800÷4＝700（円）……弟
　700×3＋200＝2300（円）……兄

となります。

Ⅲ　方程式無用、解けるかどうかは工夫次第

| 問題 | 28 | 割合 |

ボールを落とした高さは?

落とした高さの3分の2だけはね上がるボールがあります。

このボールをある高さから落としたところ、3回目にはね上がった高さが32cmでした。

最初に何cmの高さから落としたでしょうか。

28 答え　108cm

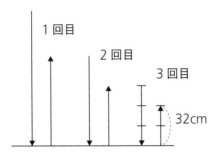

「3分の2だけはね上がる」ということは、落とした高さを「3」としたときに「2」だけはね上がるということです。

最後の部分だけ「刻み目」を入れてみましたが、この図から「2回目」の高さが

　　32÷2×3＝48（cm）

になることがわかるでしょう。

2回目と1回目についてもまったく同じ刻み目をつけることができるので、

$$48 \div 2 \times 3 = 72 \text{（cm）} \cdots\cdots 1\text{回目}$$
$$72 \div 2 \times 3 = 108 \text{（cm）} \cdots\cdots \text{最初の高さ}$$

となります。

5年生くらいになると、

「最初の高さの$\dfrac{2}{3} \times \dfrac{2}{3} \times \dfrac{2}{3} = \dfrac{8}{27}$が32cmだから、32÷

$\dfrac{8}{27} = 108$（cm）」

という解き方ができるようになります。

なお、ここで登場する「$\dfrac{2}{3}$」は、落とした高さとはね上

がる高さの「割合」をあらわす分数なので、「割合分数」と

いいます。問題27で登場した「倍」も「割合」の一種です

し、歩合（2割とか1割5分）や百分率（％）などでも「割合」

をあらわすことがあります。

中学受験塾では、小学4年生は基本的に答えが整数になる

文章題を学習し、5年生で割合を学ぶのがオーソドックスな

カリキュラムで、この段階から急に算数の学力差が開いてい

きます。

そもそも小数や分数の意味や計算でつまずくケースも多い

のですが、それ以上にやっかいなのが、売買（問題29）や濃

度の文章題です。

— 103 —

「1より小さい小数や分数をかけると、元の数より小さくなる」のは「なんとなく」理解できる生徒が多いのですが、逆に「1より小さい小数や分数で割ると、元の数より大きくなる」ことに心理的な抵抗感があるようです。

III 方程式無用、解けるかどうかは工夫次第

| 問題 | 29 | 割合 |

お店がつぶれた理由は?

　ある店では、仕入れた商品すべてに、原価（仕入れ値）の2割増の定価をつけて売っていました。しかし近くに「百均」（みんな大好きですよね〜）の店が出店したために、客足はどんどん遠のいていきます。

　店主は思い切って「大特価セール」として「全品、定価の2割引!!」という起死回生の策を打ち出します。「原価の2割増の定価をつけたんだから、2割引にしても収支はプラスマイナスゼロだから損はない。これでお客さんを呼び戻して、店を立て直そう」と考えたのです。

　しかし、しばらくしてこの店はつぶれてしまいました。

　店主の考え方のどこが間違っていたのでしょうか。

— 105 —

29 答え

2割増の2割引は、「損得なし」ではなく「損」（赤字）になるから

　たとえば原価（仕入れ値）を1000円としましょう。

　1000円の「2割」は1000×0.2＝200（円）なので、定価は1000＋200＝1200（円）です。または「2割増」＝1.2倍だから、1000×1.2＝1200（円）。

　次に1200円の「2割」は1200×0.2＝240（円）なので、売値は1200－240＝960（円）です。または「2割引」＝0.8倍だから、1200×0.8＝960（円）。

　つまり、「2割増」の「2割引」は、1000円→1200円→960円となって、40円の赤字になるのです。こんな商売を続けていたら、お店がつぶれるのも仕方がありません。

　「2割増」「2割引」も「割合」をあらわしています。「割合」とは「何かと比べて、その大きさをあらわす」ことであり、その比べる「何か」を「基準」といいます。

　「2割増」の「基準」は原価（1000円）でしたが、「2割引」の基準は定価（1200円）です。

　だから同じ2割でも、違う値段になってしまったのです。

Ⅲ　方程式無用、解けるかどうかは工夫次第

| 問題 | **30** | N 進法 |

硬貨を両替すると何枚?

　ある国では金貨、銀貨、銅貨、鉄貨の4種類の硬貨が使われています。

　金貨1枚は銀貨10枚の価値が、銀貨1枚は銅貨10枚の価値が、銅貨1枚は鉄貨10枚の価値があります。

　金貨を☆、銀貨を★、銅貨を●、鉄貨を○であらわします。

❶ 鉄貨(○)が2493枚あるとき、これを金貨・銀貨・銅貨と両替して、できるだけ硬貨の枚数を少なくすると、それぞれ何枚になりますか。

❷ あるとき財布のなかに入っていたお金は、

　☆☆☆☆●●●○○○○○○

でした。これをすべて鉄貨に両替すると、全部で何枚になりますか。

— 107 —

<table>
<tr><td rowspan="2">30
答え</td><td>❶ 金貨 2 枚　銀貨 4 枚</td></tr>
<tr><td>　　銅貨 9 枚　鉄貨 3 枚</td></tr>
<tr><td></td><td>❷ 4036 枚</td></tr>
</table>

　❶ 鉄貨1枚を1円とすると、銅貨1枚は10円、銀貨1枚は10×10＝100円、金貨1枚は100×10＝1000円の価値があることになります。

「2493円」は1000円×2＋100円×4＋10円×9＋1円×3ですから、金貨2枚・銀貨4枚・銅貨9枚・鉄貨3枚となります。

　このように「10集まるごとに1つ上のけたに上がる」数字の表記法を「10進法」といいます。日本語では「2493」を2千・4百・9十・3というように上から順に読むので、暗算（たとえばおつりの計算）などをするときは便利です（たとえばドイツ語では、2千・4百・3と9十と読みます）。

　❷ ☆は1枚1000円、★は1枚100円、●は1枚10円、○は1枚1円ですから、下のようになります。

　　　☆☆☆☆　（★はない）●●●　○○○○○○
　　　　　4　　　　　0　　　　3　　　　　6

— 108 —

Ⅲ　方程式無用、解けるかどうかは工夫次第

問題	31	N進法

貨幣の両替をするには?

　江戸時代にはいろいろな通貨が流通していましたが、一番有名なのは「小判」でしょう。

　小判1枚は一両。現在の貨幣価値に直して数万〜数十万円だといわれています。

　こんなに大きな金額の貨幣では買い物もしにくいので、一分金・一朱銀などの補助通貨も使われていました。

　両替レートは一両＝一分金4枚、一分＝一朱銀4枚です。

　では一朱銀54枚をできるだけ少ない枚数の通貨に両替すると、何両何分何朱になりますか。

— 109 —

31 答え　3両1分2朱

　1分＝4朱、1両＝4分＝16（4×4）朱です。

　まず54枚の一朱銀を一分金に両替すると、54÷4＝13あまり2。

　つまり一分金13枚と「あまり」の一朱銀2枚になります。

　さらに一分金13枚を一両小判に両替すると、13÷4＝3あまり1。

　つまり一両小判3枚と「あまり」の一分金1枚です。

　このように続けて割り算をするときは、下のようにふつうの割り算の筆算とは逆に、下に答えを書いていく方式をとります。

Ⅲ　方程式無用、解けるかどうかは工夫次第

　江戸時代の通貨は現在の通貨とは異なり、「4つ集まるごとに上のけたに進む」ので、「4進法」といいます。

　いまはほとんどの数量が10進法で表記されていますが、時間は「60進法」ですし、「ダース」は「12進法」です（1ダース＝12本、1グロス＝12ダース＝144本）。

　このような表記法が多く使われているのは、「12」や「60」が「2、3、4、6などの数字で割り切れる」という点で便利だからといわれています。

「N進法」の「N」は「自然数」（natural number、1以上の正の整数）の頭文字で、数学の世界では多用される表記です。つまり「N進法」とは、1進法、2進法、3進法、……10進法、……などのさまざまな記数法を総称したものなのです。

　いまは通貨や長さ、重さ、面積などもほとんど10進法に統一されていますが、コンピューターなどのデジタル論理回路や記憶メディアが2進法を利用していることはご存じでしょう。

　ものすごく単純化して説明すると、たとえば「電流が流れている状態を1、流れていない状態を0」として、「0」と「1」だけで数を表記するのが2進法です。

— 111 —

Ⅲ　方程式無用、解けるかどうかは工夫次第

問題	32	差集め算

子どもは何人?
えんぴつは何本?

えんぴつを何人かの子どもに配ろうと思います。1人に4本ずつ配ると18本あまるので、1人に6本ずつ配ったら全員にちょうど配ることができて、1本もあまりませんでした。

❶ 子どもは何人いましたか。

❷ えんぴつは全部で何本ありましたか。

❶9人
❷54本

子どもを○であらわし、その下に配った本数を書いてみます。

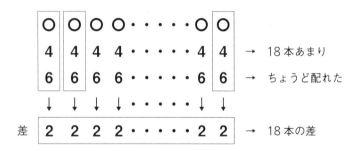

1人あたり2本の差が集まって、全体で18本の差になったのですから、子どもの人数は、18÷2＝9（人）とわかります。

差を集めるので、このような問題を「差集め算」と呼びます。

えんぴつの本数は、4×9＋18＝54（本）、または6×9＝54（本）ですね。

この種の問題は、中学1年レベルの一次方程式で解くこともできます。

子どもの数をxとすると、次のようになります。

$$4x + 18 = 6x$$
$$2x = 18$$
$$x = 9$$

もちろん、これで正解です。

ただし、算数を楽しむには、できるだけ小学生の目線で考えて、方程式は「検算用」に使うようにしましょう。

問題08で説明しましたが、ここでも差集め算の面積図解法を使って解いてみましょう。

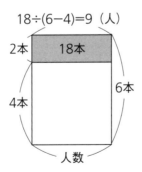

2つの長方形の面積の差が18本なので、子どもの人数は18÷(6−4)＝9（人）となります。

次の問題33は、「差集め算の面積図」の威力と美しさに圧倒される問題です。面積図だけ描いておきますので、これを使って解いてみてください。

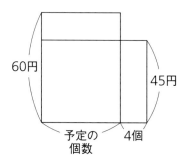

III　方程式無用、解けるかどうかは工夫次第

| 問題 | **33** | **差集め算** |

買ったりんごはいくつ?

　ふだん、1個60円で売っているりんごを買いに行ったのですが、きょうは特売で1個45円で売られていました。そのため、同じ金額で予定より4個多く買うことができました。

　きょう買ったりんごはいくつでしょうか。

答え 16個

りんごを〇であらわし、ふだんときょうの値段を下に書いていきましょう。

	〇	〇	〇	〇	・・・	〇	〇	〇	〇	〇
ふだん	60	60	60	60	・・・	60				
きょう	45	45	45	45	・・・	45	45	45	45	45
差	15	15	15	15	・・・	15				

「4個多く買えた」のは、□ で囲んだ部分、つまり45×4＝180（円）のお金があまったからです。そして、この180円は1個15円ずつの差が集まったものなので、

　　180÷(60−45)＝12（個）……買う予定だった個数
　　12＋4＝16（個）……きょう実際に買った個数

となります。

116ページで示した面積図を使って解いた場合も、まったく同じ式になることがおわかりでしょうか。

III　方程式無用、解けるかどうかは工夫次第

| 問題 | **34** | お金 |

100円玉、50円玉、10円玉で300円払うには?

100円玉と50円玉と10円玉がたくさんあります。ちょうど300円払うのに、何通りの払い方がありますか。

ただし、1枚も使わない硬貨があってもよいものとします。

答え 16通り

　要するに100円玉と50円玉と10円玉を何枚ずつ使えばよいのかを、しらみつぶしに書き出していけばよいのですが、数え忘れをしないためには、

- 順序よく
- 表にまとめて書き出す

ようにしましょう。すると！　思いもよらぬ規則が見つかったりするのです。

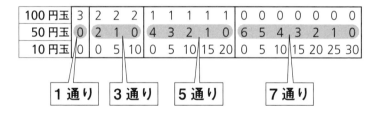

　書き出しているうちに「そうか、10円玉の枚数は書かなくてもいいんだ！」と気づきましたか？　なぜなら、100円玉と50円玉の組み合わせが決まれば、10円玉はおのずと決まるからですね。
　さらに、
「100円玉の枚数を3、2、1、0と減らしていくと、50円

玉の枚数が1通り、3通り、5通り、7通りと規則正しく増えていく」

　ということに気づきましたか？

　答えは1＋3＋5＋7＝16（通り）ですが、値段を500円とか800円とか増やしていっても、この規則を利用すれば一瞬で正解できるのです。
　500円ならば、

　　1＋3＋5＋7＋9＋11
　＝12×6÷2
　＝6×6
　＝36（通り）

　800円なら81通りです。

Ⅲ　方程式無用、解けるかどうかは工夫次第

| 問題 | 35 | お金 |

おつりなしで払える金額は何通り?

　100円玉が3枚、50円玉が2枚、10円玉が3枚あります。

　これらを使って、おつりをもらわずに払うことのできる金額は何通りありますか。

　ただし、これらを使って出せない金額、たとえば「140円」は払うことができません。

35 通り

　問題34とは微妙に違うことがわかりましたか？

　実は小学生（中学受験生）に解かせると、問題34に比べて、この問題の正答率は10分の1以下に下がってしまいます。

　一番多いのは、次のような表を書き始めて、「先生……、これ全然書き終わらないよぉ」と悲鳴をあげる子どもたちです。

100円玉	3	3	3	3	3	3	…		
50円玉	2	2	2	2	1	1	…		
10円玉	3	2	1	0	3	2	…		

Ⅲ 方程式無用、解けるかどうかは工夫次第

　もしこのように「すべての組み合わせ」を書き出すと、4
×3×4－1＝47（通り）になってしまいます。
　100円玉の使い方が0〜3枚の4通り、50円玉が0〜2枚
の3通り、10円玉も0〜3枚の4通り。ただし「全部0枚」
は意味がないので、最後に1を引くというわけです。

　これは正解ではありません。
　そもそもこの問題は「払い方」を数えるのではなく「払え
る金額」を求めるものです。したがって、たとえば「100
円玉2枚」と「100円玉1枚と50円玉2枚」は同じ「200
円」なので、1通りとして数えなければなりません。
　ここは間違いやすいところです。読者の皆さんはひっかか
りませんでしたか？

　では、どうすればよいのか？　最も単純な方法は「安い順
に書き出す」ことです。
　10円から430円の43通りですね。

		10	20	30	40	50	60	70	80	90
100		110	120	130	140	150	160	170	180	190
200		210	220	230	240	250	260	270	280	290
300		310	320	330	340	350	360	370	380	390
400		410	420	430						

　でも、まだこれでも正解ではありませんよ。

ここから「40円と90円は作れない」ということに気づけば、43－8＝35（通り）となり、正解を求めることができます。

	10	20	30	40	50	60	70	80	90
100	110	120	130	140	150	160	170	180	190
200	210	220	230	240	250	260	270	280	290
300	310	320	330	340	350	360	370	380	390
400	410	420	430						

Ⅲ 方程式無用、解けるかどうかは工夫次第

| 問題 | **36** | 和分解 |

引いたのは何のカード?

トランプを使った簡単な遊びをしましょう。

まずトランプから絵札（J・Q・K）とジョーカーを除き、残りの40枚をよく切って、テーブルの真ん中に置きます。

そこから順番に1枚ずつめくっていって、カードに書かれた数の合計が10になったら「あがり」ですが、途中で10を超えてしまったら「失格」とします。

ただし「A」（エース）は「1」、「10」は「0」とします。

さて、ここからが問題です。花子さんは3枚目に「6」を引いて「あがり」を宣言しました。花子さんが1枚目と2枚目に引いたカードは何だったのでしょうか。すべての組み合わせを答えてください。

引いた順番やカードのスーツ（ハートとかスペードなどの絵柄）は考える必要はありません。

— 127 —

36 答え

1と3
2と2
4と10

3枚の合計が10になれば「あがり」ですから、

□＋△＋6＝10

の□と△にあてはまる数を探せばよいのですね。
2枚の合計が4になるのは1＋3と2＋2ですが、「10」は「0」というルールがあるので、「4と10」でも大丈夫ですね。

「和分解」とは整数を2個以上の整数の和の形であらわすこと（たとえば10＝6＋3＋1）で、おそらく中学受験の世界で誕生した用語だと思います。

他方で「積分解」という用語もあり、文字通りこちらは整数を2個以上の整数の積であらわすこと（たとえば20＝1×20＝2×10＝4×5）を意味します。

ものすごく単純な作業のように感じますが、答えが何通りもあるため、すべての場合を正確に書き出すのは決して容易ではありません。

この「和分解」は、中学入試だけでなく、大学入試や国家試験などにも登場する、重要な問題です。

Ⅲ　方程式無用、解けるかどうかは工夫次第

「和分解」がなぜこんなにも重要視されるのでしょうか。

　16～17世紀にガリレオやパスカルによって「確率論」が発展していくのですが、そのきっかけになったのはギャンブルでした。

　サイコロ2つの目の合計が2～12のどれになるかを当てるギャンブルは大昔から存在したそうですが、「確率」という考え方が生まれる以前には「どの目が出ても配当は全部同じだった」という話をどこかで読んだ記憶があります。

「おっかしいなあ。オレは2がラッキーナンバーだからずっと2に賭けているんだけど、どうしていつも損ばかりするのかなあ」とぼやくギャンブル好きが大勢いたのでしょうね。

　しかし2は「1＋1」の1通りしかないので、出現する確率は$\frac{1}{36}$です。逆に7は「1＋6」「2＋5」「3＋4」「4＋3」「5＋2」「6＋1」の6通りになる（まさに和分解ですね）ので、$\frac{6}{36}＝\frac{1}{6}$ですから、配当が何倍であっても「2」や「12」に賭けているかぎり、負け続けるのは当然です。

「和分解」の大切さ、伝わったでしょうか？

問題 | **37** | 和分解

円の中にできる三角形は何種類?

　円周を6等分する点をとり、そのうちの3点を結んで三角形を作ります。回転したり、裏返したりしたときに重なる三角形は同じ種類であるとすると、三角形は3種類しかできません（図1）。

　では、円周を8等分する点を結んで三角形を作るときは、何種類の三角形ができるでしょうか（図2）。

Ⅲ 方程式無用、解けるかどうかは工夫次第

図 1

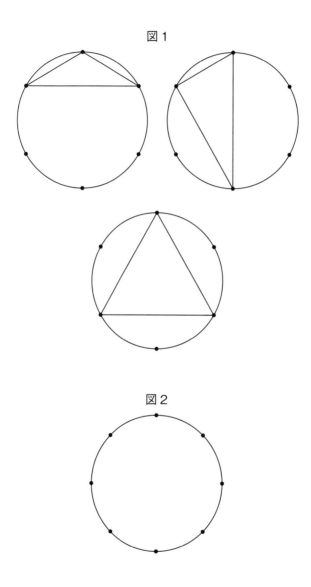

図 2

37 答え　5種類

「図形」の問題として考えると、ややこしくなります。えんぴつで点と点を結んでいくと、結び方はものすごくたくさん（8個の場合なら56通り）ありますが、その中には同じ形のものがたくさん含まれています。

したがってここは「和分解」の考えを使って解いてみましょう。

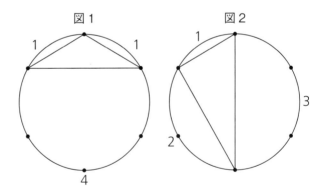

Ⅲ　方程式無用、解けるかどうかは工夫次第

図3

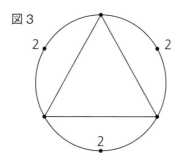

　問題に例示されている三角形を、「点と点のあいだの間隔」で分類していくと、「1と1と4」(図1)、「1と2と3」(図2)、「2と2と2」(図3)になっています。

　つまり、これは「6」を3つの整数の和に分解した結果なのです。考え方はちょっと難しいかもしれませんが、ここがわかると、あとは簡単です。

　同じように「8」を3つの整数の和に分解すると、

　8＝6＋1＋1
　8＝5＋2＋1
　8＝4＋3＋1
　8＝4＋2＋2
　8＝3＋3＋2

の5通りしかできませんね。確認のために三角形の形を次ページに描いておきます。

— 133 —

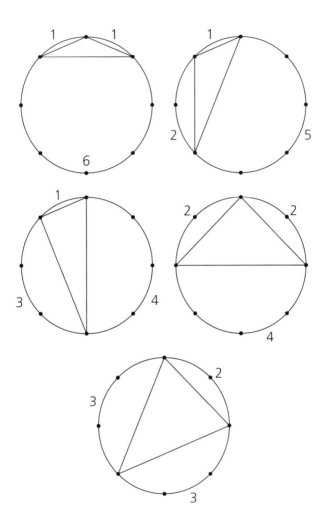

Ⅲ　方程式無用、解けるかどうかは工夫次第

| 問題 | 38 | 和分解 |

カードに書かれた数字の合計は?

　10、20、30、40、50、60、70、80、90の数が1つ
ずつ書かれている9枚のカードがあります。A君、B君、C
君の3人がカードを同時に3枚ずつ引いて、カードに書かれ
ている数の合計を得点とするゲームをしたところ、3人の得
点が同じになりました。

　B君は90が書かれたカードを引いたことがわかっていま
す。A君が引いた3枚のカードに書かれている数を小さい順
に並べると、10、 ア 、 イ となります。 ア イ に
あてはまる数を答えなさい。　　　　　　（慶應義塾中等部2006年）

— 135 —

$$\frac{38}{答え}$$ $\boxed{ア} = 60$
$\boxed{イ} = 80$

一見難しそうですが、そうでもありません。
9枚のカードの合計は、

$10+20+30+40+50+60+70+80+90$
$=450$

ですから、3人がとったカードの合計はそれぞれ、$450÷3＝150$ずつということになります。
A君は「10」をとっているので、

$10+\boxed{ア}+\boxed{イ}＝150$

となります。
このような $\boxed{ア}$ と $\boxed{イ}$ の組み合わせは$50+90$と$60+80$しかありません。
しかしB君が「90」をとったことがわかっているので、$\boxed{ア}＝60$、$\boxed{イ}＝80$と決定できるのです。

— 136 —

Ⅲ　方程式無用、解けるかどうかは工夫次第

3人のカードの引き方は、実はこんなにあります。

$$\frac{9\times8\times7}{3\times2\times1}\times\frac{6\times5\times4}{3\times2\times1}=1680\,(通り)\,!!$$

A君が9枚から
3枚を選ぶ方法

B君が残りの6枚から
3枚を選ぶ方法

　しかし「和分解」の考え方を使うと、こんなふうにあっという間に答えが出てしまうのです。おそるべし！

Ⅲ　方程式無用、解けるかどうかは工夫次第

| 問題 | **39** | 約数 |

開いているロッカーの数は?

　廊下に1〜10の番号のついたロッカーがあります。いまロッカーの扉はすべて閉まっています。

　生徒番号1〜10の10人の生徒が、次のルールでロッカーの扉を開閉していきます。

- 1番の生徒はすべてのロッカーの扉を開閉する。
- 2番の生徒は2の倍数のロッカーの扉を開閉する。
- 3番の生徒は3の倍数のロッカーの扉を開閉する。

　……

- 10番の生徒は10の倍数のロッカーの扉を開閉する。

　さて、最後に扉が開いているロッカーはいくつありますか。

— 139 —

		39
		答え

3つ

あまり難しいことは考えずに、1〜10番のロッカーと生徒番号1〜10の生徒について、ロッカーの開閉状況を調べてみましょう。

下の表で、○が「開いている」、×が「閉まっている」です。

ロッカー

	1	2	3	4	5	6	7	8	9	10
1	○	○	○	○	○	○	○	○	○	○
2		×		×		×		×		×
3			×			○			×	
4				○				○		
5					×					○
6						×				
7							×			
8								×		
9									○	
10										×

生徒番号

— 140 —

III　方程式無用、解けるかどうかは工夫次第

░░░░░ の下は、もう開閉されません。つまり、

- 2番のロッカーは、1番の生徒が開けて、2番の生徒が閉める→終了
- 3番のロッカーは、1番が開けて、3番が閉める→終了
- 4番のロッカーは、1番が開けて、2番が閉めて、4番が開ける→終了

　……

- 10番のロッカーは、1番が開けて、2番が閉めて、5番が開けて、10番が閉める→終了

以上のことから、開いているロッカーは1、4、9の3つです。

　生徒番号から横に見ていくと、開閉するロッカーは「自分の番号の倍数」です。

　他方、ロッカーから見ていくと、開閉する生徒は「ロッカー番号の約数」になっています。

　2の約数は1、2の2個なので、開・閉で最終的には閉まっています。

　3の約数は1、3の2個なので、開・閉で最終的には閉まっています。

　4の約数は1、2、4の3個なので、開・閉・開で最終的に

— 141 —

は開いています。

　5の約数は1、5の2個なので、開・閉で最終的には閉まっています。

　6の約数は1、2、3、6の4個なので、開・閉・開・閉で最終的には閉まっています。

　ここで、「あれ？」と、何かの決まりに気づいた方、あなたは鋭いです。

　そうです。約数が奇数個あるロッカーは開いていて、偶数個あるロッカーは閉まっているのです。

　ちなみに、約数が奇数個ある整数は2×2＝4、3×3＝9、4×4＝16のように、同じ整数を2回かけあわせた数です。つまり、「四角数」（平方数）のロッカーが開いているということです（四角数については問題23の解説を参照してください）。

IV

見えない形、
必要なのは
想像力

Ⅳ 見えない形、必要なのは想像力

| 問題 | 40 | 展開図 |

組み立てた立体の体積は?

次の図は直方体の展開図です。折り目は描いてありませんが想像してみましょう。

この展開図を組み立ててできる直方体の体積を求めてください。

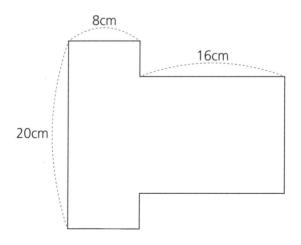

— 145 —

384cm³

　折り目の線は、だいたい想像できたのではないでしょうか。

　アとイは向かい合わせの面になるので、イの長方形の横の長さは8cmです。するとウとエの長方形の横の長さは、(16－8)÷2＝4（cm）となり、アのたての長さが20－4×2＝12（cm）とわかります。

　3つの辺の長さが4cm、8cm、12cmですから、体積は4×8×12＝384（cm³）です。

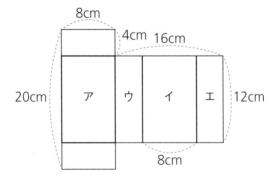

Ⅳ　見えない形、必要なのは想像力

　サイコロ（立方体）の展開図は次の11種類があります。問題42のような展開図もありますが、立体の基本はサイコロですから！！
　この11種類の展開図と、どの面とどの面が向かい合わせになるかを覚えておけば、展開図の問題を解くための参考になるはずです。

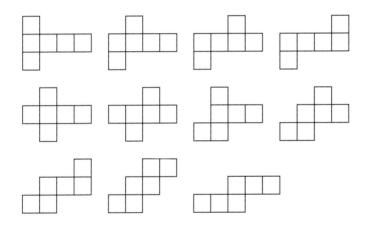

問題 | 41 | 展開図

正しい展開図はどれ?

　次の図の❶～❽のうち、立方体または直方体の展開図として正しいものを、すべてあげてください。

（女子学院中 2006年）

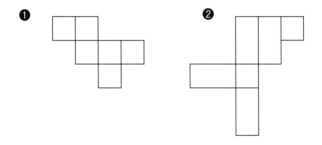

Ⅳ 見えない形、必要なのは想像力

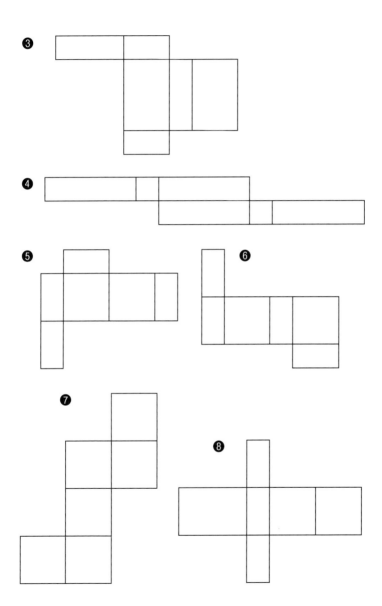

　間違っている展開図には3種類あります。

　1つは、組み立てたときに面と面が重なってしまうもの（たとえば下図の展開図は、㋐と㋑が向かい合わせで、㋑と㋒も向かい合わせなので、㋐と㋒が重なります）。❷がこのタイプです。

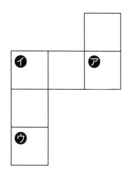

　もう1つは重なるはずの辺と辺の長さが異なるもの。あと1つは向かい合った面の形や大きさが違うものです。❺と❽は向かい合う面が違う形になっていることがわかるでしょうか。

| 問題 | 42 | 展開図 |

展開前はどんな立体？

これはなんという立体の展開図ですか。
立体の名前を答えてください。

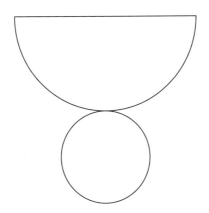

42 答え　円すい

　簡単そうで難しいのが、このような問題です。
　立体図形は算数の苦手な人にとっては「最後の関門」というより「世界の果て」に近いかもしれません。おうぎ形（半円）を紙に描いて切り取り、丸めてみてください。
　「とんがり帽子」ができるはずです。

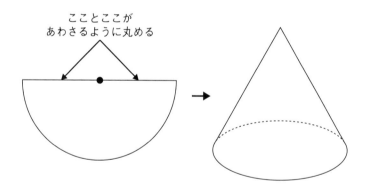

　おうぎ形の中心角を小さくすると、もっと細いとんがり帽子ができます。
　いろいろ試してみてください。

Ⅳ　見えない形、必要なのは想像力

| 問題 | 43 | 面積 |

おうぎ形の面積は？❶

　下の図は1辺10cmの正方形をたくさん並べ、中に半径10cmの弧を描き入れたものです。
　黒い部分の面積は全部で何cm²ですか。

（女子聖学院中2011年）

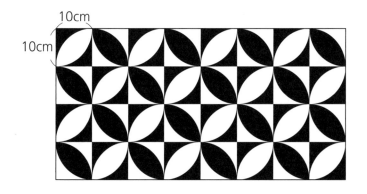

43 答え 1600cm²

　図を見ていると、目がチカチカしてきそうですし、とてつもなく難しそうに見えませんか？

　けれども、よーく見てください。白黒反転した図形が同じ数ずつ並んでいることがわかるのではないでしょうか。

　1辺10cmの正方形は全部で4×8＝32（個）あるので、黒い部分はその半分、つまり16個分です。これさえわかれば、あとは、

　　10×10×16＝1600（cm²）

を導くのはたやすいですね。

　小学生は、即座に「こんなの全体の半分でしょ！」と、嬉々として解きます。

| 問題 | 44 | 面積 |

おうぎ形の面積は？❷

下の図の黒い部分の面積はいくつでしょうか。ただし円周率は3.14とします。

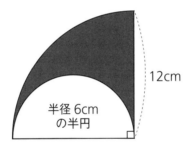

答え　56.52cm²

　円の面積は「半径×半径×円周率」。これは覚えていますね。

　では、おうぎ形の面積は「半径×半径×円周率×$\dfrac{中心角}{360}$」という「公式」を覚えていますか。

　$\dfrac{中心角}{360}$というのは「その円の何分のいくつか」ということです。

　つまり、中心角が180°（半円）なら$\dfrac{180}{360}=\dfrac{1}{2}$、90°なら$\dfrac{90}{360}=\dfrac{1}{4}$というように、簡単な分数になりますね。そのように直してから計算しましょう。

　半径12cm・中心角90°のおうぎ形から、半径6cm・中心角180°の半円（これも、おうぎ形の一種です）を引きます。つまり、

$$12 \times 12 \times 3.14 \times \frac{1}{4} - 6 \times 6 \times 3.14 \times \frac{1}{2}$$

という式になります。

ここで、「計算のくふう」を2つ思い出してください。

1つめは「かけ算どうしは順番を変えてもよい」ということ。つまり「×3.14」の計算を最後にして、先に12×12 $\times \frac{1}{4}$を計算します。

もう1つは「分配法則」。「×3.14」の計算が2回登場するため、これを次のようにまとめて計算するのです。

$$12 \times 12 \times 3.14 \times \frac{1}{4} - 6 \times 6 \times 3.14 \times \frac{1}{2}$$

$$= \left(12 \times 12 \times \frac{1}{4}\right) \times 3.14 - \left(6 \times 6 \times \frac{1}{2}\right) \times 3.14$$

$$= 36 \times 3.14 - 18 \times 3.14$$

$$= (36 - 18) \times 3.14$$

$$= 18 \times 3.14$$

$$= 56.52 です。$$

中学生になると、「3.14」ではなく「π」を使ってあらわすため、この問題は、

$$12 \times 12 \times \pi \times \frac{1}{4} - 6 \times 6 \times \pi \times \frac{1}{2} = 18\pi$$

となります。このほうがずっと簡単です。しかし小学生には「具体的な大きさ」をイメージさせると同時に、「×小数」の計算練習をさせるためにも、ふつうは「3.14」を使って求めさせます。

　かつて、小学校の教科書で円周率を3にしていた時期がありましたが、それは「小数の計算ができなくて算数が嫌いになる小学生が多いから」でした。

　たしかに小数のかけ算は「楽しい」ものではありません。でも、「苦しい」トレーニングをしたからこそ、「工夫すると簡単になるんだ！」という喜びが得られるのではないでしょうか。

Ⅳ 見えない形、必要なのは想像力

問題 | 45 | 面積

正八角形の面積は？

下の図は1辺の長さが2cmの正八角形です。この正八角形の面積はおよそ何cm²ですか。次の中からもっとも近いものを選び、記号で答えなさい。　（共立女子中2006年）

- ㋐ 13cm²
- ㋑ 16cm²
- ㋒ 19cm²
- ㋓ 22cm²
- ㋔ 25cm²

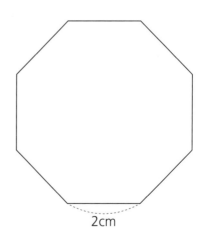

[ヒント]
小学生の「算数」の問題であることをお忘れなく。

— 159 —

45 答え ウ

「数学的」に説明すると、斜辺が2cmの直角二等辺三角形のほかの2辺の長さは$\sqrt{2}$cm。

次の図のように分割すると、1辺2cmの正方形1つと$\sqrt{2}$cm×2cmの長方形が4つと、直角をはさむ1辺$\sqrt{2}$cmの直角二等辺三角形4つにわかれます。

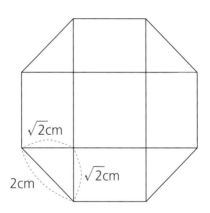

したがって面積は、

$$2\times2+\sqrt{2}\times2\times4+\sqrt{2}\times\sqrt{2}\times\frac{1}{2}\times4=8+8\sqrt{2}$$

$\sqrt{2}$＝約1.4なので、8＋8×1.4＝19.2（cm²）となります。

しかし！　もちろん小学生は$\sqrt{}$なんて知りません。ではどう解くのかというと……。

同じように補助線を引いて、「$\sqrt{2}$」の部分の長さを定規ではかると、約1.4cmとわかります。

2×2＋1.4×2×4＋1.4×1.4÷2×4＝19.12

だから、正解は**ウ**となります。

「測っていいの？」とお怒りの読者もいらっしゃるかもしれませんね。

実はこの入試問題の表紙には「定規は必要に応じて使いなさい」と書いてあるのです。

問題 | 46 | 面積

長方形を回転させてできる面積は?

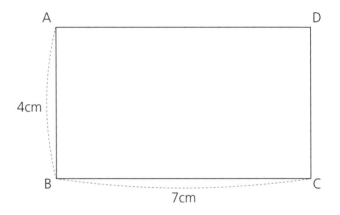

上図はたて4cm・横7cmの長方形です。点Aを中心にこの長方形を1回転したとき、長方形の動いたあとは円になります。その円の面積はおよそ何cm²ですか。

Ⅳ　見えない形、必要なのは想像力

　次の㋐～㋔の中からもっとも近いものを選び、記号で答え
なさい。

　ただし、円周率は3.14とします。　　（共立女子中2004年）

　㋐ 50cm²
　㋑ 100cm²
　㋒ 150cm²
　㋓ 200cm²
　㋔ 250cm²

46
答え

エ

　定規を使って、対角線の長さをはかるとだいたい8cmになります。

　円の面積は 半径×半径×円周率ですから、

　　8×8×3.14＝200.96

　よって**エ**。

　では、もし「定規使用禁止」だったら、どうしますか？

　コンパスのかわりに自分の指を使ってみましょう。

　人差し指をAに固定し、親指をCにあてます。2本の指の間隔がかわらないように親指を回転させていくと、円の半径ACと同じ長さAEを求めることができます。

Ⅳ　見えない形、必要なのは想像力

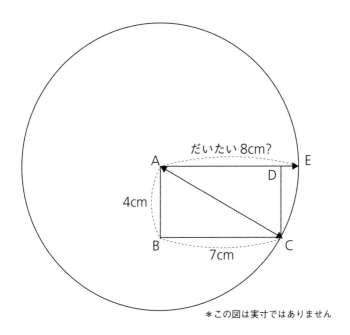

＊この図は実寸ではありません

　AD（7cm）より、CD（4cm）の4分の1くらい長く見えませんか？

　つまり半径がだいたい8cmだから、あとは前の式と同じように求めることができます。

| 問題 | **47** | 立方体 |

積んだ立方体の表面積は? ❶

　1辺の長さが1cmの立方体がたくさんあります。

　図1は10個の立方体を3段に積み重ねたもの、図2は20個を4段に積み重ねたものです。

　同じように10段積み重ねたときにできる立体の表面積を求めてください。もちろん底面も数えます。

Ⅳ 見えない形、必要なのは想像力

図1

図2

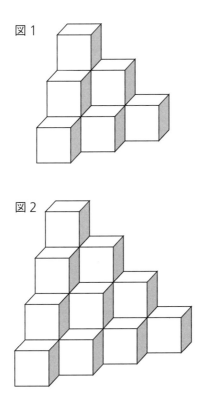

47 答え 330cm²

　立方体を積み上げた立体の表面積は、「真正面」「真上」「右横」から見える面の数を求めて、その合計を2倍すると求めることができます（真正面と裏側、真上と真下、右横と左横から見える面の数は同じなので）。この問題では、真正面・真上・右横のどの方向から見ても見える面の数は同じですね。

真正面　　　　　真上　　　　　右横

3段の場合は1＋2＋3＝6（面）
4段の場合は1＋2＋3＋4＝10（面）
10段の場合は1＋2＋3＋4＋5＋6＋7＋8＋9＋10
＝55（面）

ここにも「三角数」が登場しますね。答えは、
　55×3×2＝330（面）
つまり、330cm²です。

> 問題 | 48 | 立方体

積んだ立方体の表面積は？❷

　1辺の長さが1cmの立方体が何個かあるとき、面と面をぴったり重ねていろいろな立体を作ります。

　たとえば4個の場合は、図1、図2のような立体を作ることができますね。

　立方体を6個使ってできる立体の表面積は、もっとも小さいときで何cm²ですか。

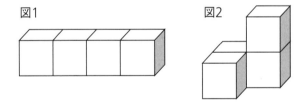

図1　　　図2

22cm²

　4個の場合、図1、図2の表面積は同じです。なぜならば、すべての立方体がそれぞれ1つの面でつながっているからです。つながっている面が少ないということは、それだけ表面から見える面積が大きいということです。

　したがって4個の場合は図3のように積むと、表面積が最小になります。

　6個の場合も同じように、できるだけ面と面が重なるように積んでいくと、図4のような直方体になり、これが表面積がもっとも小さい立体になります（積み方はほかにもあります）。

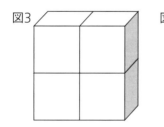
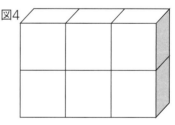

図4の表面積は、(3＋6＋2)×2＝22（cm²）です。

IV 見えない形、必要なのは想像力

| 問題 | 49 | まわりの長さ |

重なった正方形の まわりの長さは?

1辺3cmの正方形を下図のように並べていきます。2つの正方形の重なっている部分は1辺1cmの正方形になっています。

この図形のまわりの長さがちょうど1mになるのは、正方形を何枚並べたときですか。

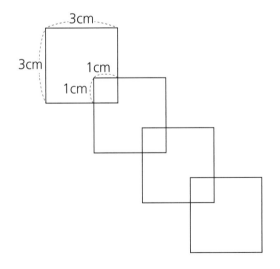

49 答え 12枚

4枚の場合の「まわりの長さ」は、下図のようにふくらませると、1辺9cmの正方形のまわりの長さと同じになります。

したがって、まわりの長さが1m＝100cmになるのは、1辺が100÷4＝25（cm）のときということがわかります。

ここまでわかれば、「1辺」は3cmから2cmずつ増えていくので、(25－3)÷2＝11、11＋1＝12（枚）です。

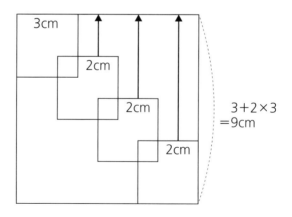

V

数式マジック、
カギは条件整理・
規則発見

V　数式マジック、カギは条件整理・規則発見

| 問題 | 50 | 推理算 |

条件通りに成績を並べると?

　A、B、C、Dの4人が受けたテストの成績について、次のことがわかりました。

❶ AはBより成績が良かった
❷ BはCより成績が良かった
❸ Dは4位ではなかった
❹ DはBより成績が悪かった

成績の良かった順にA、B、C、Dを並べてください。

— 175 —

ABDC

中学1年で正負の数を学習するときに、「数直線」というものを利用したはずです。下のようなものですね。

同じように、右に行くほど成績が良く、左に行くほど成績が悪い（左右は逆でもかまいません）という直線の上に、問題の条件を書き入れていきましょう。

❶、❷の2つの条件から、A、B、Cの順番は確定します。

残ったDは「Bより悪く、4位ではない」のだから、BとCのあいだに入ります。こうして4人の順位が確定しました。

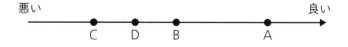

このような問題を「推理算」とか「条件整理の問題」と呼びます。

V　数式マジック、カギは条件整理・規則発見

|問題| 51 | 推理算 |

4人の営業成績の順位は?

この問題も、推理算です。

A、B、C、Dの4人が自分の営業成績について、次のように話しています。

A「今回は1位がとれなかった」
B「私は4位ではなかったけどね」
C「1位にも2位にもなれなかったよ〜」
D「オレなんか、また3位だよ」

4人はそれぞれ何位だったのでしょうか。

— 177 —

$$
\begin{array}{c}
\underline{51}\\
答え
\end{array}
\quad
\begin{array}{l}
A＝2位\\
B＝1位\\
C＝4位\\
D＝3位
\end{array}
$$

　数直線であらわすこともできますが、「マトリックス」と呼ばれる表を使うと、条件の複雑な問題でも簡単に整理することができます。

　まずA、B、Cの発言から、下の表のように「×」が入ります。

	1位	2位	3位	4位
A	×			
B				×
C	×	×		
D				

— 178 —

V 数式マジック、カギは条件整理・規則発見

とくに「D＝3位」という情報は貴重で、まずそこに「○」
を入れます。

すると、下表のグレーの部分がすべて「×」とわかります
ね。

	1位	2位	3位	4位
A	×		×	
B			×	×
C	×	×	×	
D	×	×	○	×

さらに、Cには4位しか残っていないことがわかります。

では、表の残りの部分を埋めていくと、どうなるでしょう
か。ちょっと考えてから、完成した最後の表を見てくださ
い。

— 179 —

	1 位	2 位	3 位	4 位
A	×	○	×	×
B	○	×	×	×
C	×	×	×	○
D	×	×	○	×

V 数式マジック、カギは条件整理・規則発見

| 問題 | 52 | 推理算 |

試験の得点を推測すると?

推理算、最後の問題です。

太郎、次郎、花子、リサの4人が、入学試験を受けました。おたがいに結果を見せ合い、下の表のようになりました。なお、試験はAかBの答えのどちらかを選ぶ方式です。また、各問とも正解のみ10点となります。このとき、リサの得点は何点でしょうか。　　　　（公文国際学園中等部1992年）

問題	1	2	3	4	5	6	7	8	9	10	得点
太郎	A	B	A	B	A	A	B	B	B	A	70点
次郎	A	A	B	B	B	A	A	A	B	B	70点
花子	B	B	B	A	A	B	A	B	A	B	60点
リサ	A	B	B	A	A	B	B	A	A	B	?

— 181 —

52 答え

50点

　太郎と次郎は70点なので、「3問しか間違えていない」ことになります。

　ところが2人の答案を見比べてみると……なんと！　表1の〇で囲んだ問題1、4、6、9以外の6問はすべて違う答えではありませんか！

　AとBのどちらかが正解なのだから、問題2、3、5、7、8、10の6問は、太郎と次郎のどちらかが3問ずつ不正解のはずです。

　ということは、〇で囲んだ4問は2人とも正解なのです。

　次に花子の答えを見ると……表1の〇をつけた4問について、すべて太郎・次郎と逆の答えを書いています。つまりこの4問は不正解。それなのに60点ということは、残りの6問は正解のはずです。

　したがって表2の〇をつけたところがそれぞれの問題の正解となります。

　以上のことから、リサは5問正解で50点となるのです。

表1

問題	1	2	3	4	5	6	7	8	9	10	得点
太郎	Ⓐ	B	A	Ⓑ	A	Ⓐ	B	B	Ⓑ	A	70点
次郎	Ⓐ	A	B	Ⓑ	B	Ⓐ	A	A	Ⓑ	B	70点
花子	B	B	B	A	A	B	A	B	A	B	60点
リサ	A	B	B	A	A	B	B	A	A	B	

表2

問題	1	2	3	4	5	6	7	8	9	10	得点
太郎	Ⓐ	B	A	Ⓑ	A	Ⓐ	B	B	Ⓑ	A	70点
次郎	Ⓐ	A	B	Ⓑ	B	Ⓐ	A	A	Ⓑ	B	70点
花子	B	Ⓑ	Ⓑ	A	Ⓐ	B	Ⓐ	Ⓑ	A	Ⓑ	60点
リサ	Ⓐ	Ⓑ	Ⓑ	A	Ⓐ	B	B	A	A	Ⓑ	

　条件整理の問題としては「古典的」な傑作で、他の中学でも何度も出題されています。

　着眼点さえ見つければ数分で解ける、とても気持ちのいい問題といえるでしょう。

V 数式マジック、カギは条件整理・規則発見

| 問題 | 53 | 規則の発見 |

手の指を数え続けると?

親指から順に、親指1、人差し指2、中指3、薬指4、小指5というように数えていき、小指で折り返して薬指6、中指7と続けていきます。親指のところでも折り返して、人差し指8、親指9、人差し指10、……となります。

このとき「100」はどの指になりますか。

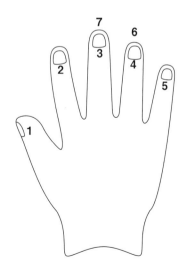

薬指

1つの「周期」の長さがわかりにくい問題です。両端(親指と小指)は「折り返し」になるので、5本周期(または1往復で10本周期)にはならないので注意しましょう。

下の表のようにすると、わかりやすくなるでしょう。

親指	人差し指	中指	薬指	小指
1	2	3	4	5
	8	7	6	
9	10	11	12	13
	16	15	14	

2度目の親指の「9」を新たな周期の始まりとして、「8本で1周期」と数えるのがベストです。

100÷8＝12あまり4

したがって、表で左から4つめにある薬指になります。

ここで算数の「規則」の発見法について、少し考えてみましょう。

一番発見しやすい規則は、「1つの周期の個数がわかっている場合」です。たとえばカレンダーなどはどうでしょう

か？　1週間は7日なので、7日で1周期ですね。

「3月1日が火曜日のとき、この年の6月7日は何曜日か」

　これは「暦算」と呼ばれる問題ですが、3月1日を「1日目」としたときに「6月7日」が何日目にあたるかを数えれば、あとは7で割ったあまりによって曜日がわかります。
　つまり31＋30＋31＋7＝99（日）、99÷7＝14あまり1なので、3月1日と同じ「火曜日」となります。
　この問題では行きと帰りの向きが違うことと、親指と小指は1回しか数えないので、その分だけ複雑になっています。規則を見つけるときは、基本的に「最初に戻ったら次の周期」と考えておけばよいでしょう。一例が以下の問題です。

「3÷7の計算をしたとき、小数第100位の数はいくつになるか」

　がんばって3÷7の計算をしてみると、
　　3÷7＝0.42857142……
　小数第7位が小数第1位と同じ「4」になるので、これは「6個周期」。
　　100÷6＝16あまり4
　なので、小数第4位と同じ「5」が正解です。

— 187 —

| 問題 | **54** | 規則の発見 |

折り目はいくつ?

次ページの図のように紙を2つに折り、それをまた2つに折り、さらに2つに折るという手続きを繰り返していきます。

このとき、折り目の数は、1回折ると1本、2回折ると3本、3回折ると7本……と増えていきます。

10回折ったとき、折り目は何本できるでしょうか。

（名古屋学院中1992年）

[ヒント]
「折り目の数」に注目しても規則は見つかるのですが、あまりわかりやすいとはいえません。では何に注目すればよいのでしょうか。

Ⅴ　数式マジック、カギは条件整理・規則発見

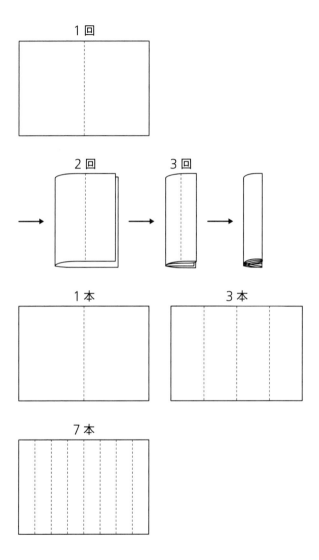

54 答え 1023本

「ここに、ちょうど1枚の紙があるから、切ってお目にかけよう。1枚の紙が2枚、2枚の紙が4枚、4枚の紙が8枚、8枚が16枚、16枚が32枚……」

有名な「ガマの油売り」の口上です。若い読者は知らないかもしれませんね。

この問題は「切る」のではなく「折る」のですが、折るたびに枚数が2倍になっていくことには変わりありません。

つまり、

1回折る→2枚になる（折り目は1本）
2回折る→2×2＝4枚になる（折り目は3本）
3回折る→2×2×2＝8枚になる（折り目は7本）

ということなのです。

したがって10回折ると、

$$2\times2\times2\times2\times2\times2\times2\times2\times2\times2$$
$$=2^{10}$$
$$=1024（枚）$$

答えは1024－1＝1023（本）となります。

仮に紙の厚さを0.1ミリとしても、42回折ると、地球か

V　数式マジック、カギは条件整理・規則発見

ら月までの距離よりも長くなります。ただし、実際に折って
みると、A4サイズの紙なら6回が限界です。

　以前テレビ番組で「何回まで紙を折ることができるか」に
挑戦するという企画があったそうですが、紙が厚くなってし
まうため、体育館いっぱいの大きさの紙でも10回折るのが
限界だったそうです。

V 数式マジック、カギは条件整理・規則発見

| 問題 | 55 | 規則の発見 |

おまけのビールの本数は?

　ある酒屋さんでは、

「ビールのあきビンを6本もってきたら、ビールを1本進呈！」

　というキャンペーンを始めました。

　ビールを100本買うと、全部で何本のビールを飲むことができますか。

— 193 —

55 答え

119本

　最近の飲み物はほとんどカンかペットボトルになってしまいましたが、昔は大半が「ビン」でした。

　私は「リターナブルびん」が一番「環境にやさしい」と思うのですが、結局、回収や運搬の手間（人件費）の問題なのでしょうか？

　100÷6＝16あまり4……おまけが16本もらえる
　16÷6＝2あまり4
　　……おまけの16本のあきビンで、さらに2本もらえる

　100＋16＋2＝118（本）

と答えた読者はいませんか？

　ここで見落としているのは、最初の「あまり4」です。

　おまけの16本に、あまりの4本を加えると20本になるので、20÷6＝3あまり2。

　つまり100＋16＋3＝119（本）です。

しかしもっと便利な求め方があります。

ビールを1本買うたびに、あきビンがたまっていくようすを次のように書いてみます。

○の中の数字があきビンの本数です。

そして100本ためてから交換に行くのではなく、6本たまったらすぐに交換に行きます。

すると、⑥（6本たまった）のときにおまけがもらえて、そのおまけのビンが1本たまるので、次のように表記しましょう。

さて、あと何本買うとおまけがもらえるでしょうか？　すでにおまけのあきビンが1本あるので、次の1本は「②」から始まります。つまりあと5本で、次のおまけにたどり着くことができるのです。

このあとも、5本ごとにおまけがもらえるので、

100−1＝99……最初の1列だけ①があるので、これを引きます。

　99÷5＝19あまり4……あとは5本ごとにおまけがもらえるので、5で割ります。

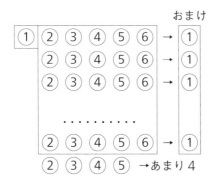

　つまりおまけが19本もらえるので、100＋19＝119（本）となるのです。

　どこかに、こんなに「環境にやさしく」て、消費者にもやさしい酒屋さんをご存じないですか？

V　数式マジック、カギは条件整理・規則発見

問題 56 | マジック

だれかが思い浮かべた数字を当てるには?

次のマジックの仕掛けを考えてください。

マジシャンが観客に次のように呼びかけました。

まず好きな数を1つ思い浮かべてください。

その数に1を足してください。

次に、その答えに3をかけてください。

次に、3を足してください。

次に、3で割ってください。

最後に、その答えから、最初に自分が思い浮かべた数を引いてください。

では、その答えをみんなで心に強く念じてください。

……その答えはいくつでしょうか。

56
答え

2

最初の数を「7」とすると、

$7+1=8$

$8×3=24$

$24+3=27$

$27÷3=9$

最後に、

$9-7=2$

となります。

ほかの数で試しても必ず答えは「2」になります。

では、一般化して考えましょう。最初の数を□とすると、

$$\frac{(□+1)×3+3}{3}-□=\frac{□×3+6}{3}-□$$
$$=(□+2)-□$$
$$=2$$

となるのです。

V 数式マジック、カギは条件整理・規則発見

問題	57	マジック

だれかの誕生日を当てるには?

もう1つ、よく使われるマジックのタネ明かしをしてみてください。マジシャンが観客に次のように話しかけます。

だれにも見せずにあなたの生まれ月を書いてください。
では、それに4をかけてください。
次に、私の年齢の44を足してください。
次に、5をかけてください。
次に、もう1回5をかけてください。
さらに、あなたの生まれた日を足してください。
最後に、そこから1000を引いて、次に100を引いてください。
……□月△日、これがあなたの誕生日ですね。

ご自身の誕生日で試してみてください。さて、このマジックのしくみは?

— 199 —

＊タネ明かしは下記に

たとえば誕生日が12月21日だとします。

　12×4＝48
　48＋44＝92
　92×5＝460
　460×5＝2300
　2300＋21＝2321
　2321－1000＝1321
　1321－100＝1221

となって、「12月21日」とわかります。

さて、タネ明かしです。
まず誕生月を□月、誕生日を△日としましょう。
指示された通りに入力していくと、

　(□×4＋44)×5×5＋△＝□×100＋1100＋△

となりますね。これから、1100を引くと、

V　数式マジック、カギは条件整理・規則発見

　　□×100＋△

となります。

　□が12で△が21なら、12×100＋21＝1221ですね。

　少なくとも小学生相手なら、大ウケすること間違いなしです。

　ちなみに「＋44」のところは、勝手にアレンジしてもかまいません。最後に引く数を「自分の年齢×25」にするだけです。また、携帯電話の下8けたの番号を聞き出す方法もありますが、犯罪に悪用されると困るので、こちらはナイショということで。

V 数式マジック、カギは条件整理・規則発見

| 問題 | **58** | 和と積の規則 |

式の穴にあてはまる＋－×÷は？

次の ア ～ オ の中に、＋－×÷を入れて、計算した
答えがもっとも大きくなるようにしなさい。

（安田女子中 2005年）

❶ 5 ア 4

❷ 0.02 イ $\dfrac{1}{1000}$

❸ 10 ウ $\dfrac{2005}{2004}$

❹ 3 エ （2 オ 1）

— 203 —

$$\frac{58}{答え}$$

ア $=\times$	イ $=\div$	ウ $=+$
エ $=\times$	オ $=+$	

❶ 5＋4＝9、5×4＝20、なので、×が最大です。

❷「$\frac{1}{1000}$ で割る」ということは「1000をかける」のと同じです。つまり÷が正解です。

❸ $\frac{2005}{2004}$ は1より大きいので、÷より×のほうが大きくなります。しかし、$10 \times \frac{2005}{2004} = 10 \times \left(1 + \frac{1}{2004}\right)$ なので、元の数（10）よりほんの少し（$\frac{10}{2004}$）大きくなるだけです。

でも、$10 + \frac{2005}{2004}$ なら、元の数より $\frac{2005}{2004} = 1\frac{1}{2004}$ だけ大きくなります。したがって、この問題は＋が最大になります。

❹ 2×1＝2より2＋1＝3のほうが大きくなるので、オは＋。そしてエに×を入れると最大になります。

V　数式マジック、カギは条件整理・規則発見

|問題| **59** | **和と積の規則** |

最大になる積の値は?

　10個のおはじきをいくつかのグループにわけ、それぞれのおはじきの個数をかけて積を求めます。積の値が最大になるとき、その値を求めなさい。　　　　（筑波大附属中2006年）

[ヒント]

　問題の意味がわかりにくいので、少し例をあげておきます。

「10個のおはじきをいくつかのグループにわける」というのは、たとえば「2個と8個」とか「1個と4個と5個」のようにするということです。

　そして、2個と8個なら、「個数をかけた積」は2×8＝16、1個と4個と5個なら、1×4×5＝20ということです。

— 205 —

59 答え　36

　まず、できるだけたくさんのグループにわけてみましょう。

　　10＝1＋1＋1＋1＋1＋1＋1＋1＋1＋1

　しかしこの場合、「積」は1になってしまいます。「1」を使っても積は大きくなりません。では、全部2にしたらどうでしょうか？

　　10＝2＋2＋2＋2＋2

　積は、

　　2×2×2×2×2＝32

　お、これならいけそうじゃないですか。
　ここで「2＋2＋2」を「3＋3」に置き換えてみます。和は同じ6ですが、積は前者が2×2×2＝8、後者が3×3＝9なので、3を使ったほうが大きくなります。

V　数式マジック、カギは条件整理・規則発見

　3を3個使ってしまうと、10＝3＋3＋3＋1となって、半端の1が出てしまうため、積は27にしかなりません。

　したがって10＝3＋3＋2＋2　で、積は3×3×2×2＝36。これが最大です。

「もっと大きな数を使ったらどうなるんだ？」と思われた方は、いろいろ試してみてください。2＋2と2×2は和も積も同じなので、10＝3＋3＋4としても、積はやはり36になります。

　しかし5を使うと、5＝2＋3で、5よりも2×3＝6のほうが大きくなります。

　6以上の数についても結局同じで、「できるだけ3を使い、半端がでるときは2を使う」のが積を最大にするための原則なのです。

| 問題 | 60 | ダイヤグラム |

2人がすれ違うのはいつ?

　次のグラフは、太郎さんがA町から、花子さんがB町から同時に出発し、向かい合って歩いたようすを示しています。A町からB町までは9km離れています。

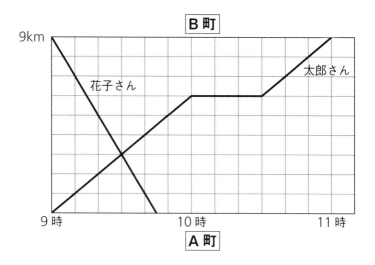

V　数式マジック、カギは条件整理・規則発見

❶ 太郎さんは途中で何分休憩しましたか。
❷ 花子さんの歩く速さは時速何kmですか。
❸ 2人がすれ違ったのは、何時何分ですか。

60 答え	❶ 30分
	❷ 時速 12km
	❸ 9時 30分

　このようなグラフを「ダイヤグラム」とか「進行グラフ」といいます。

　鉄道などの交通機関の運行計画を示すもので、事故や積雪などのときに「ダイヤが乱れています」というのは、この運行計画にエラーが生じているということなのですね。

　グラフを読むときは、たて・横1マスが何を示しているかに注意しましょう。

　まず、横軸が時間を示し、6マスで1時間（60分）ですから、1マスは10分ということがわかります。

　次に、たて軸が距離を示し、問題文からAB間が9km、グラフでも9マス分なので、1マスがちょうど1kmということがわかります。

　そして、太郎さんのグラフで、距離が増えていないところが3マス分あることがわかりますね。つまり、太郎さんは3マス分＝30分休憩しています。

　花子さんは10分で2マス（2km）、20分で4マス（4km）進んでいるので、1時間では12マス（12km）進みます。よって時速12kmです。

　最後に、2つのグラフが交わっているところが「すれ違っ

— 210 —

た」時間と場所を示しています。この場合は「9時30分」ですね。

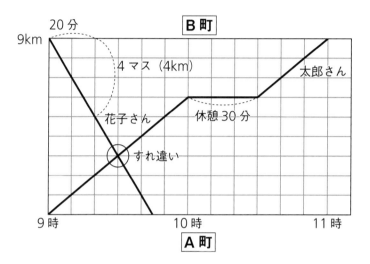

| 問題 | 61 | ダイヤグラム |

歩く速さをグラフにすると?

　てつや君は毎日A市からB市へ買い物に行きます。次の❶〜❺の文は、そのときどきのてつや君の歩いた様子を説明したものです。❶〜❺の説明をあらわしたグラフを⦿〜⦿の中からそれぞれ1つずつ選び、記号で答えてください。ただし、同じものを2度えらんではいけません。

（立命館中2006年）

❶ 途中で休憩したが、そのとき以外は一定の速さで歩いた。

❷ はじめは一定の速さ時速6kmで歩いたが、途中から一定の速さ時速4kmで歩いた。

❸ 1度も休憩をしなかったので、次第に疲れて歩く速度が落ちていった。

❹ はじめは一定の速さ時速4kmで歩いたが、遅くなりそうなので、途中から一定の速さ時速6kmで歩いた。

❺ はじめは急いで歩いたので、休憩後はゆっくり歩いた。

— 212 —

V 数式マジック、カギは条件整理・規則発見

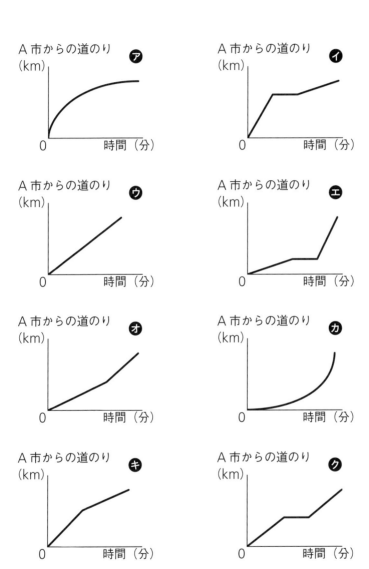

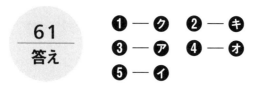

　グラフの途中で「平ら」になっているところは「平地」ではなくて、「動いていない」(同じ場所に止まっている)ことを示しています。

　次に、右斜め上に上がっていく角度が急なものは動きが速く、ゆるやかなものは動きが遅いことをあらわしています。

　また、「一定の速さ」で進む場合は、グラフは直線になりますが、だんだん速さを変えていく場合は曲線になります。

　以上のことに注意しながら、㋐〜㋗のグラフを読んでいきましょう。

㋐ だんだん速さが遅くなっていく。
㋑ はじめは速くて、しばらく休憩し、休憩後は遅くなる。
㋒ ずっと一定の速さで進む。
㋓ ㋑の逆で、「ゆっくり」→「休憩」→「速い」。
㋔ 休憩はなく、最初がゆっくりで、途中から速くなる。
㋕ ㋐の逆で、だんだん速くなる。
㋖ ㋔の逆。休憩はなく、前半が速くて、後半が遅い。
㋗ 一定の速さだが、途中で休憩している。

VI

明治・大正・
昭和初期、
時代を反映する算数

＊この章の「問題」の出典は、『旧制中学入試問題集』（武藤康史、ちくま文庫、２００８年、第2刷）です。

VI 明治・大正・昭和初期、時代を反映する算数

| 問題 | 62 | 割合分数 |

上茶と下茶、
それぞれ一斤の値段はいくら?

明治時代に旧制中学校の入試に出た問題です。

「上茶下茶 各 一斤の価合せて壱円六拾銭にして下茶一斤の
価は上茶一斤の価の二十一分の十一なりと云ふ各一斤の価を
求めよ」

（兵庫県立神戸中学校1903年）

この問題、そもそも読めますか？　現代文にしてみましょ
う。

「上茶と下茶がそれぞれ1斤ずつで、合わせた価格が1円
60銭で、下茶1斤の価格は上茶1斤の価格の21分の11で
あるという。それぞれ1斤の価格を求めなさい」

[参考]

上茶は上質な茶葉から作られた高級なお茶で、下茶は低品質な茶葉
から作られるお茶です。斤は尺貫法による単位で、1斤は約600グラ
ムです。

— 217 —

62
答え

上茶 1 円 5 銭（105 銭）
下茶 55 銭

この問題に登場する「$\frac{11}{21}$」という分数を「割合分数」と

呼びます。「$\frac{1}{4}$リットル」とか「$\frac{3}{4}$時間」のように具体的

な数量をあらわすのではなく、2つの数の関係をあらわす分
数という意味です。

明治37（1904）年に最初の国定教科書が小学校で使われ
たときから、損益、利息、税金、株式などの経済面での計算
を学ばせるために、割合の指導は非常に重視されていたそう
です。現在の教科書でも「割合」は最重要単元であり、同時
に多くの小学生がつまずく、指導困難な単元でもあります。

当時の問題集の解説は次のようになっています。

$1+\frac{11}{21}=\frac{32}{21}$……上下茶各一斤宛の価の和の割合

$160銭÷\frac{32}{21}=160銭×\frac{21}{32}=105銭$……上茶一斤の価

$160銭-105銭=55銭$……下茶一斤の価

— 218 —

算式

$$160銭 \div \left(1 + \frac{11}{21}\right) \cdots\cdots 上茶の価$$

$$160銭 - 上茶の価 \cdots\cdots 下茶の価$$

いかがですか？ 「割合」でつまずき、算数が嫌いになる小学生の気持ち、なんとなく理解できませんか？

「もとにする量」（上茶の値）を「1」とすると、「比べられる量」（下茶の値）が「$\frac{11}{21}$」だから、その合計が「$1\frac{11}{21}$」。だから160銭を$1\frac{11}{21}$で割ると「1」が求められる、という理屈なのですが、「割合で割ると1が求められる」という発想もわかりにくいし、そもそも分数の乗除が苦手な子にはお手上げでしょう。

「上茶の$\frac{11}{21}$」ということは、上茶の値段を21等分したときに下茶は11個分だから、下茶：上茶＝11：21。

下茶を⑪、上茶を㉑とすると、合計は⑪＋㉑＝㉜。

㉜＝160銭だから、①＝5銭。上茶は5銭×㉑＝105銭、下茶は5銭×⑪＝55銭。これが「比」を用いた解法です。

「分数を比にする」ところにハードルはありますが、分数で割るよりはイメージしやすいはずです。

次のように線分図であらわすと、「21等分したときの11個分」がイメージしやすいでしょう。

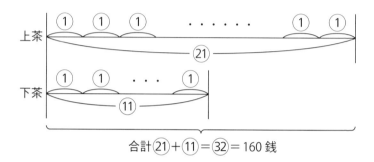

[参考]
　丸で囲んだ数字は、割合や比をあらわします。中学になると使わなくなるのですが、小学校の算数ではおなじみの表記です。

VI 明治・大正・昭和初期、時代を反映する算数

| 問題 | **63** | 線分図 |

志願者の総数は何人?

　これも、明治時代の旧制中学校の入試問題です。

「或ル中学校ノ入学試験ニ志願者総数ノ$\frac{1}{8}$ハ体格ニテ不合

格トナリ其ノ残リノ$\frac{2}{7}$ハ学術ニテ不合格トナリテ入学ヲ許

可セラレタルモノハ100人ナリシト云フ志願者ノ総数ハ幾

人ナリシカ」　　　　　　　　　（鹿児島県立川辺中学校1910年）

　現代文にしてみましょう。

「ある中学校の入学試験で、志願者の総数の$\frac{1}{8}$は体格で不

合格となり、その残りの$\frac{2}{7}$が学力で不合格となって、入学

を許可された者は100人であったという。志願者の総数は

何人だったか」

— 221 —

答え　160人

　当時の問題集の解説を現代文に直すと、次のようになります。

　志願者総数を1とすると、

　体格で不合格になった残りは $1-\dfrac{1}{8}=\dfrac{7}{8}$ ……ア

　学術で不合格になったのは $\dfrac{7}{8}\times\dfrac{2}{7}=\dfrac{1}{4}$ ……イ

　したがって入学を許可されたのは $\dfrac{7}{8}-\dfrac{1}{4}=\dfrac{5}{8}$ ……ウ

　志願者総数は $100\div\dfrac{5}{8}=160$ 人となります。

　イとウは「$\dfrac{7}{8}\times\left(1-\dfrac{2}{7}\right)=\dfrac{5}{8}$」というように、1つの式にまとめるのが一般的ですが、いまでも基本的には同じ解き方をします。
　割合分数と割合分数をかけるところが理解しにくい場合は、次のように線分図にまとめるとよいでしょう。

Ⅵ 明治・大正・昭和初期、時代を反映する算数

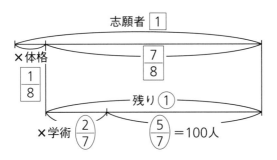

$$100 \div \frac{5}{7} = 140 \text{人} \cdots\cdots ① \text{(体格の合格者数)}$$

$$140 \div \frac{7}{8} = 160 \text{人} \cdots\cdots \boxed{1} \text{(志願者総数)}$$

「$\frac{5}{7}$」とは「$\frac{7}{8}$」「もとにする量」(基準) が異なるので、①・$\boxed{1}$ と区別します。

線分図（小学校の指導書では「テープ図」などとも呼ばれています）は、割合の意味を可視化するうえでは便利ですね。

さらに志願者総数を $\boxed{1}$ ではなく $\boxed{8}$（$\frac{7}{8}$の分母）とすると、次のように分数を使わずに解くこともできます。

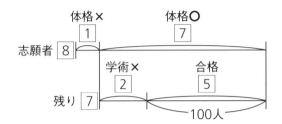

体格の合格者が [7] で、$\frac{2}{7}$ の分母も [7] なので、たまたま基準が同じになっています。

[5] ＝100人だから、[8] ＝100÷5×8＝160人ですね。

Ⅵ　明治・大正・昭和初期、時代を反映する算数

| 問題 | **64** | 割合 |

1ポンドは20シリング、費用の総計はいくら?

　大正時代の旧制中学の入試問題です。

「定価1磅10志ノ書籍ヲ定価ノ二割引ニテ英国ヨリ買ヒ郵便料2志ヲ払ヘバ費用総計如何。但1磅ハ20志ニシテ9.87円ニ換算セヨ」　　　　　　　　（兵庫県立神戸高等女学校1913年）

　現代文にしてみましょう。

「定価1ポンド10シリングの書籍を定価の2割引でイギリスから買い郵便料2シリングを払うと、費用の総計はいくらになるか。ただし、1ポンドは20シリングとして9.87円に換算せよ」

— 225 —

| 64 |
| 答え |

12円83銭1厘

「割合」の文章題です。「割引」と「通貨レート」を組み合わせてあり、かなりの計算力が問われます。

「磅」はポンド、「志」はシリング。当時のイギリスの通貨は1ポンド＝20シリング、1シリング＝12ペンスという二十進法と十二進法を組み合わせた複雑な体系でした。

　この問題の解き方ですが、
　　1磅10志＝30志
　　30志×0.8＋2志＝26志
　というように、定価の2割引きなので1－0.2＝0.8をかけます。「郵便料」を足すのをお忘れなく。

20志＝9.87円なので、26志はその$\frac{26}{20}$倍。

$$9.87 \times \frac{26}{20} = 12.831$$

つまり、12円83銭1厘が答えとなります。
国際都市神戸らしい問題ですね。

— 226 —

Ⅵ　明治・大正・昭和初期、時代を反映する算数

問題	65	仕事算

残りの仕事を3人ですると、
何時間かかる?

　もう1題、大正時代の旧制中学の入試問題を解いてみましょう。

「或ル仕事ヲスルニ兄ダケデハ6時間仲ノ兄ダケデハ8時間弟ダケデハ9時間カヽル、此ノ仕事ヲ兄ガ1$\frac{1}{2}$時間、仲ノ兄ガ2時間シタ其残ヲ三人デスルニハ何時間カヽルカ」

（兵庫県立第一神戸中学校1922年）

　仲ノ兄は2番目の兄、つまり次兄のことです。現代文にすると、

「ある仕事をするのに兄だけでは6時間、次兄だけでは8時間、弟だけでは9時間かかる。この仕事を兄が1時間半、次兄が2時間した。その残りを3人でするには何時間かかるか」

— 227 —

$$\frac{65}{答え} \quad 1\frac{7}{29}時間$$

「仕事算」と呼ばれる問題で、大半の参考書では「仕事量を1とする」という説明がなされています。

仕事量を1とすると、

兄の1時間あたりの仕事量は$\dfrac{1}{6}$

次兄の1時間あたりの仕事量は$\dfrac{1}{8}$

弟の1時間あたりの仕事量は$\dfrac{1}{9}$

兄が$1\dfrac{1}{2}$時間でした仕事量は$\dfrac{1}{6}\times\dfrac{3}{2}=\dfrac{1}{4}$

次兄が2時間でした仕事量は$\dfrac{1}{8}\times2=\dfrac{1}{4}$

残りの仕事量は$1-\left(\dfrac{1}{4}+\dfrac{1}{4}\right)=\dfrac{1}{2}$

これを3人でやると、

$$\frac{1}{2}\div\left(\frac{1}{6}+\frac{1}{8}+\frac{1}{9}\right)=\frac{1}{2}\div\frac{29}{72}$$

$$=\frac{36}{29}時間＝1\frac{7}{29}時間$$

　最後の答えが気持ちの悪い値になるのは、そういう問題なので仕方ありませんが、途中で分数のかけ算と通分と分数の割り算が一堂に登場するので、分数計算が苦手だった人にとっては「嫌がらせ」のような問題ですよね。

　分数で苦しみたくない場合は「分母を基準にする」のが「算数的な発想」です。この問題では分母が6と8と9なので、通分した場合の分母、つまり6と8と9の最小公倍数（この場合は72）を仕事量にしましょう。
　公倍数とは2つ以上の整数に共通な倍数のことです。公倍数のうち、最小のものを最小公倍数といいます。

　仕事量を㉒とすると、
　兄、次兄、弟の1時間あたりの仕事量はそれぞれ、
　㉒÷6＝⑫、㉒÷8＝⑨、㉒÷9＝⑧
　兄が$1\frac{1}{2}$時間でした仕事量は⑫×$\frac{3}{2}$＝⑱
　次兄が2時間でした仕事量は⑨×2＝⑱
　残りの仕事量は㉒－（⑱＋⑱）＝㊱

　これを3人でやると、㊱÷（⑫＋⑨＋⑧）＝$\frac{36}{29}$時間で終

わります。

　これは「72個のおもちゃを作る仕事をする」という設定にすると、算数の苦手な小学生やかつて苦手だった大人にもイメージしやすくなるでしょう。

VI　明治・大正・昭和初期、時代を反映する算数

| 問題 | **66** | 線分図 |

3姉妹の年齢は、それぞれ何歳?

　日本が戦争への道を突き進んでいた昭和初期の問題です。
「出征軍人ニ慰問金ヲ出スノニ3ツ違ヒノ姉妹3人が各〻自分ノ年1ツヲ2銭ノ割デ出シ合ツテ合計72銭ヲ送リマシタ、各〻年齢ハイクツデスカ」　（東京府立第二高等女学校1932年）

　これも現代文にしてみましょう。
「出征する軍人に慰問金を出すのに、3つ違いの姉妹3人が各々自分の年齢1つを2銭の割合で出し合って合計72銭を送りました。各々の年齢はいくつですか」

— 231 —

<table>
<tr><td>

66
答え
</td><td>

三女 9 歳
次女 12 歳
長女 15 歳
</td></tr>
</table>

当時の問題集では次のように解説されています。

　72銭－2銭×(3＋3×2)＝54銭
　54銭÷3÷2銭＝9
　9＋3＝12
　12＋3＝15

よって、姉妹の年齢は9歳、12歳、15歳。

皆さん、この式の意味はわかりますか？
3人の年齢差が3歳ずつなので、

● 次女は三女より2銭×3だけ多く払う。
● 長女は三女より2銭×(3×2)だけ多く払う。
● 全体の72銭から2銭×3＋2銭×(3×2)＝2銭×(3＋3×2)を引くと、三女が出すお金の3倍になる。

これを線分図であらわすと、次のようになります。

Ⅵ　明治・大正・昭和初期、時代を反映する算数

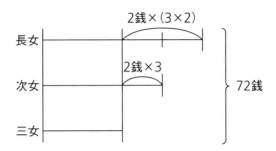

基本的な考え方は同じですが、

　72銭÷2銭＝36……3人の年齢の合計

と考えれば、もっとシンプルに考えることができます。

　36－3×3＝27歳

　27歳÷3＝9歳……三女の年齢

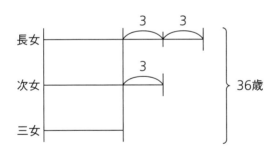

　または、36÷3＝12歳とすると、いきなり次女の年齢を求めることができます。

　なぜ3で割ると次女の年齢になるのかは線分図を見て考えてください（答えは次ページに）。

▼3で割るとなぜ次女の年齢になる？

この算出法を線分図であらわすと、次のようになります。

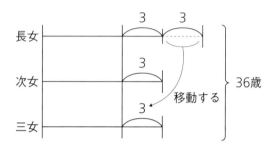

この線分図をもとに、計算してみましょう。
　36÷3＝12（歳）……次女の年齢
　12＋3＝15（歳）……長女の年齢
　12－3＝9（歳）　……三女の年齢

線分図は、いろいろな計算に応用できて、実に便利です。

VI 明治・大正・昭和初期、時代を反映する算数

| 問題 | **67** | 和差算 |

陸軍海軍の負傷者は、
それぞれ何人?

　問題66と同じ年に、別の旧制中学校の入学試験に出た問題です。

「上海事変ニヨル我ガ軍ノ戦死者負傷者ノ総数ハ二月十九日マデノ調ベニヨレバ陸軍海軍合計1825名デアル、陸軍ノ戦死者負傷者ノ総数ハ海軍ノソレヨリモ335名多ク戦死者ノミニツイテハ陸軍ハ海軍ヨリモ10名少シトイフ、而シテ陸軍ノ戦死者ハ105名デアル、陸軍海軍ノ負傷者ハ各何名デアルカ」　　　　　　　　　　（東京府立第七中学校1932年）

　現代文にすると、

「上海事変による我が軍の戦死者と負傷者の総数は、2月19日までの調べによると、陸軍と海軍合わせて1825名である。陸軍の戦死者と負傷者の総数は、海軍のそれよりも335名多く、戦死者のみについては陸軍は海軍よりも10名少ないという。そして陸軍の戦死者は105名である。陸軍と海軍の負傷者はそれぞれ何名か」

— 235 —

67 答え

陸軍 975 名
海軍 630 名

次のような表にしてみると、考えやすいと思います。

	陸軍	海軍	合計
戦死者	105名		
負傷者			
合計	ア	イ	1825名

表のア（陸軍の戦死者数＋負傷者数）とイ（海軍の戦死者数＋負傷者数）について、「アがイより335名多い」ことがわかっています。アとイの和が1825名、アとイの差が335名、ここからアとイの数を求めるのが「和差算」で、次のような線分図を使って解きます。

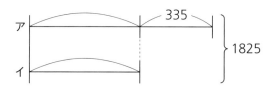

1825－335＝1490（名）がイの2倍になるから、
　　1490÷2＝745（名）……イ

— 236 —

VI　明治・大正・昭和初期、時代を反映する算数

1825－745＝1080（名）……ア

イ＝745（名）がわかれば、あとは順に表を埋めていく
だけです。

1080－105＝975……陸軍負傷
105＋10＝115　　……海軍戦死
745－115＝630　……海軍負傷

入学試験の問題としては、いまの時代では考えられない問
題ですね。入学試験の算数問題にも、時代の世相が反映され
ます。

[著者略歴]
1959年、愛知県に生まれる。東京大学教育学部教育学科卒、同大学院教育学研究科博士課程修了。大学院時代から学習塾啓明舎（現啓明館）の講師として中学受験の算数・理科を指導。1988年から3年間のドイツ（西ベルリン）留学を経て、啓明舎に復職。2022年1月まで塾長を務める。退職後、オンライン個別指導「GoToNext」を起業。小学生に算数・理科を教えるかたわら、新聞や雑誌などで算数や教育に関するコラムを執筆している。
著書に『子供の目線 大人の視点』（産経新聞ニュースサービス）、『秘伝の算数』シリーズ（東京出版）、『大人もハマる算数』『大人のための「超」計算』（以上、すばる舎）などがある。

30歳からの算数エントリー
それは「想像と工夫のこころ」を思い出すこと

著者　後藤卓也
©2024 Takuya Goto, Printed in Japan
2024年11月22日　　第1刷発行

装画　iziz

装丁　大口典子（ニマユマ）

発行者　松戸さち子

発行所　株式会社dZERO
https://dze.ro/
千葉県千葉市若葉区都賀1-2-5-301 〒264-0025
TEL: 043-376-7396 FAX: 043-231-7067
Email: info@dze.ro

本文DTP　株式会社トライ

印刷・製本　モリモト印刷株式会社

落丁本・乱丁本は購入書店を明記の上、小社までお送りください。
送料は小社負担にてお取り替えいたします。
価格はカバーに表示しています。
ISBN 978-4-907623-75-3

dZEROの好評既刊

山口謠司　詩エントリー　30歳からの漢
それは「どう生きるか」を考えること

漢詩とは――。大人の教養、知性の最高峰、時空を超える異才たちの文学。ディストピアとユートピア、欲望と無心、絶望と希望、知と情。それを知らないまま大人になるなんて！

本体 2200円

細谷功　有　と　無
見え方の違いで対立する二つの世界観

「ある型」の思考回路は、「あるもの」に目を向ける。「ない型」の思考回路は、「ないもの」も視野に入れる。その両者の圧倒的ギャップが世の中を動かしている。そのメカニズムとは？

本体 1800円

川村秀憲　ChatGPTの先に待っている世界

人間の価値観を揺るがすようなパラダイムシフトは起こるのだろうか。研究者から見たChatGPT出現の意味とは？　大規模言語モデルの仕組みから、近未来の社会変容までを平易に解説。

本体 2000円

消費税が別途加算されます。本体価格は変更することがあります。